勢銷售！

挑戰，創建銷售新視界

理，

開創數位化銷售新局面

SPIN 技術 × 消費者思維

服務邏輯 × 問題競爭力

【新玩法、新階段、新行銷】

顛覆傳統行銷模式，解讀高利潤銷售精隨

精準捕捉網路時代銷售脈動，

讓你在數位浪潮中有效致勝！

萬一卓——著

目錄

目錄

目錄

附錄

序言

在網路時代，銷售的未來之路

在軍事戰場上，素有「迷霧」一說，意為戰爭錯綜複雜、態勢瞬息萬變。戰士們在戰鬥過程中往往面對一團迷霧，難以對形勢做出正確判斷，以至於一場戰爭的勝利充滿了偶然和隨機性，也許一個小細節就能影響最終的勝負。

商場如戰場。

賈伯斯（Steve Jobs）無意中發現了全錄 [01] 的圖形介面，借鑑其思路並掀起了一場「PC 業的革命」。

比爾蓋茲（Bill Gates）也據此開發出了 Windows 系統。

柯達公司更是因此研發出了數位攝影技術……

在時代的「迷霧」中，誰都無法預知未來偶然的、隨機的機會。正如《黑天鵝效應》（*The Black Swan*）一書作者納西姆．尼可拉斯．塔雷伯（Nassim Nicholas Taleb）[02] 指出，世界充滿了不可預知、出乎意料卻又極具殺傷力的偶發性事件。

---

[01] 全錄：指美國全錄公司，是全球最大數位與資料技術產品生產商，是一家世界 500 強企業。是複印技術的發明公司，具有悠久的歷史，在其影印機市場占有率，特別是彩色機器的市場占有率，占據全球第一的位置。

[02] 納西姆．尼可拉斯．塔雷伯：代表作《黑天鵝效應》，一生專注於研究運氣、不確定性、機率和知識。

序言　在網路時代，銷售的未來之路

如今，我們所處的「互聯網＋」[03]時代中，到處都充滿了偶然和隨機。而銷售業的從業者們或許永遠不知道明天的市場環境會如何變化，自己將面臨什麼，競爭對手又會如何出牌……

似乎每天都是一個「生死局」，成敗就在一瞬之間。

很多銷售行業的朋友們向我抱怨：「或成或敗，或生或死，或枯或榮，網際網路時代真是太刺激了，到處都是『迷霧』，讓我們看不清前方的路。真不知自己還能在這個行業走多遠……」

朋友的心境或多或少代表了同行們的心聲，我十分理解。

在這個瞬息萬變的網際網路時代，新企業、新模式、新理念、新產品每天都層出不窮，與此同時每天又有無數企業瀕臨破產，銷售業從業者成了「無家可歸」的流浪漢。而「互聯網＋」時代的消費者需求和心理更是變幻無常，令人思索不透、難以適從。市場上越來越多的「碎片化」資訊，使銷售者猶如盲人摸象，舉步維艱。

展望未來，擺在企業、銷售者面前的，卻沒有太多樂觀起來的理由。野蠻生長的背後，往往隱藏著光鮮的面子，糟

---

[03]　「互聯網＋」：「互聯網＋」就是「互聯網＋各個傳統行業」，包括銷售業，但並不是簡單的兩者相加，而是利用資訊通訊技術以及網際網路平臺，讓網際網路與傳統行業進行深度融合，創造新的發展生態。

糕的裡子。

近幾年，我深入實踐接觸了不少企業和銷售業的從業者們，其中，很大一部分企業、企業人的狀態是這樣的：

表：企業／企業銷售者的狀態分析

企業／企業銷售者的狀態分析		
現狀		分析
企業	機會主義	受利潤驅使，機會主義盛行，有勇無謀，馬馬虎虎做產品。
	有市場無技術	中國製造或許有市場，卻基本是「複製」、「山寨」的代名詞，缺乏技術創新，大部分企業賺的都是「血汗錢」。
	有市占無地位	市場經濟看上去很美，卻披著「品牌價值低」的外衣，銷售量驚人的品牌卻未必被消費者認可。
企業銷售者	有方法無思想	開拓市場就像開餐廳，哪裡熱鬧去哪裡，哪裡人多去哪裡，只知跟風沒有自己的思想主張。
	有眼光無眼界	許多銷售者的宗旨只有一個：賺錢！賺大錢！這種賺錢心理太浮躁太迫切，追求短時間內以巧致富。
	有目標無耐心	「網際網路＋」時代，唯快不破，很多新概念層出不窮，滿天飛舞，炒作成風，銷售者盲目跟風，忽略了銷售的本質。
	有心機無良心	不少追名逐利的銷售者為了成功銷售費盡心機，最缺乏的就是良心。糊弄、坑害客戶、不尊重客戶的事屢見不鮮。

在「互聯網＋」時代到來以前，消費者的選擇甚少，銷售、行銷幾乎不需要什麼技術。儘管上述幾點飽受詬病，卻很奏效。早期，很大一批人因此獲得了階段性的勝利。

然而，行業的競爭就像一場馬拉松比賽，剩者為王。

當你還沒來得及停下來駐足欣賞一下勝利巔峰的美景時，時代和商業環境就開始了變革轉型與更新，在資訊化、

序言　在網路時代，銷售的未來之路

全球一體化等新力量的驅動下，企業／銷售者所處的環境也發生了根本性變化：

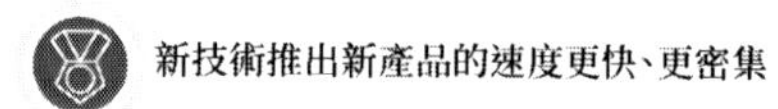

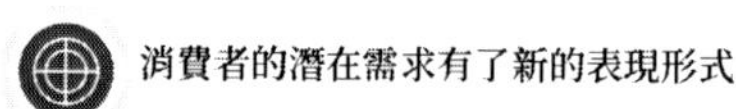

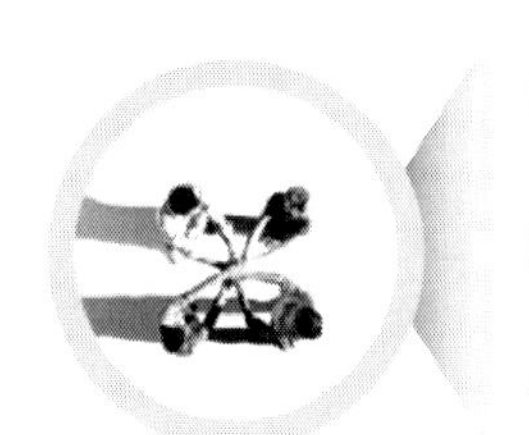

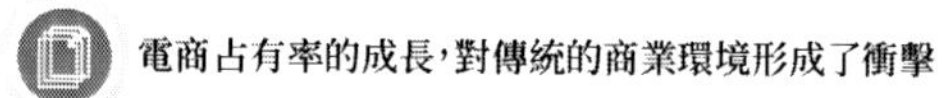

自媒體的繁榮改變了行銷傳播方式

圖：企業／銷售者所處的環境發生了根本性的變化

這些變化為我們帶來了前所未有的機遇與危機：

- 市場狀況瞬息萬變
- 品牌更新疊代迅速
- 價格戰爭愈演愈烈
- 產品同質化更嚴重
- 通路管控蒿目時艱
- 團隊建設停辛佇苦

……

在這個複雜的環境中，多數企業／銷售者沉醉於行銷要素的組合，思維邏輯的簡單複製，而迷失了自己。

毋庸置疑，銷售／行銷技巧是每個銷售者的應用工具，看似很好掌握與運用。

但在今天時代變革的大背景下，市場競爭變化迅速，很多過時的技巧已經不管用了。我們也應根據客觀情境的變化，結合「互聯網＋」的時代背景而不斷創新。

在這樣的前提下，我們不妨再重新思考到底什麼是銷售、什麼是服務、為什麼要以客戶為中心、以市場為導向等問題。

透過深入接觸，我發現很多銷售業的朋友也有好的思路，只不過在實際銷售工作中又重蹈覆轍。一位朋友對我說，銷售應該是從被拒絕開始。

可是今天當我們面對競爭激烈的同行和市場，你能經得起多少等待？請不要再用「被拒絕」的邏輯來自我安慰。

無論是銷售還是行銷，不僅要有流程，更要有方法。

本書寫作以我自己潛心研究多年的經驗為背景，以「不銷而銷」全流程為框架，第一部結合當下時代背景，淺析了網際網路為銷售業帶來的變化，給予人啟示：如今的行銷環境、消費需求、行銷策略都已發生改變，買不買早已不是銷售者說了算。第二部分簡單介紹了擁抱「互聯網＋」時代、接受新變化的幾種新思路和新方法。第三部分詮釋了助力傳統企業／銷售者贏得「互聯網＋」銷售良好開局的幾種商道邏輯。第四部分和第五部分則是在前三章基礎上，回歸銷售本源，以銷售過程的幾個階段為基礎，以顧問式、情感式、教練式、診斷式、挑戰式銷售的角度切入，深度解析了前面幾章所提到的關於銷售溝通、服務、效率、誠信等一系列問題，並完美演繹了相應的策略、實踐之道，幫助企業和相關從業人員在適當了解「互聯網＋」思維的同時，顛覆傳統行銷模式，同時結合心理學、行銷學、銷售學來思考，鞏固銷售技法，實現不銷而銷。

本書融入了大量成功的或失敗的案例場景，同時為讀者朋友們設計了一些相關圖表和應用工具表格。

相信透過這樣的精心安排，你會有一種在課堂現場的氛圍，提升實戰操作技能，助你的銷售事業一臂之力、更上層樓。

思路可以培養，技能可以訓練，如果你肯改變，就有機會從漫天的迷霧中走出來，迎接一片豔陽天，在未來的路上走得更快、更遠。

第一部分　新時代銷售：網路引領的革命

為什麼 iPhone7 一上市人們就爭先恐後地購買？

為什麼那些天價的奢侈品卻深受人們追捧？

為什麼有些企業能百年屹立不倒且利潤成倍成長？

為什麼一件 LV 價值數十萬元，你的產品價值卻低得可憐？

究竟是什麼基因讓品牌止不住地溢價？

—— 網際網路正在改變企業的銷售和行銷方式。

而現在，就是研究怎樣才能改變企業銷售和推銷方式的最好時機！

—— 卓言萬語

第一章
網路時代下，購買權在客戶手中

為什麼蘋果手機高價依然能引起搶購？

2016 年 9 月 8 日凌晨 1 點，隨著 Apple（蘋果公司）第 10 代手機 iPhone7 的發表，蘋果手機及其相關產品隨即引發了新一輪的搶購熱潮。

根據 2016 年 10 月 6 日，Interbrand[04] 釋出的年度報告顯示，蘋果公司已連續第 4 年成為全球最有價值品牌，其估值提升 5%，高達 1,781 億美元，領先 Google、微軟和三星等公司。

不少人認為，蘋果手機越來越貴，吐槽、投訴越來越多，但其在全球市場的銷售表現卻似乎並未受到影響。我甚至聽身邊的朋友感嘆道：「越來越多人擁有蘋果手機，我就不明白，為什麼如此高價的產品還能暢銷？」

先來看下面的資料：

---

[04] Interbrand：成立於 1974 年，是全球最大的綜合性品牌顧問公司，致力於為全球大型品牌客戶提供全方位統包的品牌顧問服務。

表：全球最具價值 10 大品牌[05]

全球最具價值10大品牌									
2016年排名	2015年排名	品牌	行業	國家	2016年品牌價值（百萬美元）	2016年品牌評級	品牌價值同比變化	2015年品牌價值（百萬美元）	2015年品牌評級
1	1	蘋果	科技	美國	145918	AAA	13.7%	128303	AAA
2	3	Google	科技	美國	94184	AAA+	22.8%	76683	AAA
3	2	三星	科技	韓國	83185	AAA	1.8%	81716	AAA-
4	8	亞馬遜	科技/零售	美國	69642	AA+	24.1%	56124	AAA-
5	4	微軟	科技	美國	67258	AAA	0.3%	67060	AAA
6	5	Verizon	電信	美國	63116	AAA-	5.5%	59843	AAA-
7	6	AT&T	電信	美國	59904	AA+	1.8%	58820	AA+
8	7	沃爾瑪	零售	美國	53657	AA	-5.4%	56705	AA+
9	11	中國移動	電信	中國	49810	AAA-	4.0%	47916	AAA-
10	15	富國銀行	銀行	美國	44170	AAA-	26.5%	34925	AAA-

得益於平板電腦 iPad 和智慧型手機 iPhone 的成功，蘋果的品牌價值迅速飆升，再次超越搜尋引擎公司 Google。

然而，你一定想不到，最具價值的品牌成本幾何？

據國外媒體報導，iPhone 4S 所有零件的成本總計約 188 美元，而 iPhone 5 的零件成本約 270 美元。

可見，蘋果手機的成本價並不高，就算算上各項研發費用，售價仍然奇高無比，且越來越貴。

「互聯網＋」時代，買不買不再是商家、企業、銷售者說了算，而是顧客說了算。蘋果手機價格雖然有所漲幅，但每每更新換代一次，大家依然擠破頭去購買，甚至剛上市時很

[05]　資料來源：Interbrand。

難買到，消費者經常處於「飢餓」狀態。

我們不得不思考：

問題 1.　為什麼購買蘋果手機的人願意高價消費？

與諸多拚價格的手機廠商不同，蘋果手機更注重產品創新設計、效能、使用者體驗等，其獨特的風格、特質、與互動體驗贏得了大批愛用者，而追求人性化與創新的文化理念，也讓蘋果公司的產品在全世界迅速吸粉。

具體而言，可以歸結為以下幾點：

- 簡約明快的設計
- 年輕時尚的定位
- 流暢的執行系統
- 優質的售後服務
- 高產品附加價值
- 良好的口碑
- 高 CP 值

……

這也展現了蘋果的核心價值和品牌效應，它使人們在購買 iPhone 時會想起：我要買「蘋果」，而不是「我要買手機」。

蘋果的成功同時與效仿了奢侈品牌的做法有關：它為產品定更高的價格，提升了消費者的擁有慾望。

問題 2.　為什麼中國生產的手機低價卻沒有市場？

請看下表：

表：中國生產的手機低價無市的原因分析

中國生產的手機低價無市的原因分析	
原因	分析
能賣就行 不做極致	許多企業的銷售理念是，產品能在市場出售就行，沒必要做到極致，消費者「尖叫」與否與自己無關，與顧客之間無非就是買賣關係——這樣的理念難以形成強關係。
低價策略 價格大戰	不少商家一心透過低價來打壓對手，吸引顧客，導致各大商家不得不加入「價格戰」的行列，希望以此來提升銷售業績。而這也導致消費者形成心理定勢，價格一旦形成再想提價就難了。有時「低價」是「自殺式」的策略。

上述兩個問題說明了，隨著經濟、科技的發展，人們生活水準的提高和文化層次的提升，「低價」不再是人們選擇購買的唯一籌碼。如今，高價暢銷也行得通。

消費者認可的是產品價值而非產品本身

「管理學之父」杜拉克（Peter Drucker）說過：「顧客購買和認定的價值，並不是產品本身，而是效用，也就是產品和服務為他帶來了什麼。」

【不銷有因法則】

法則 1：顧客更在意產品價值

如今，大部分顧客在購買時，認定的是產品價值而非產品本身，人們越來越注重產品能否滿足自己在某一方面的真實需求，價格不再是是否願意購買的唯一因素。

法則 2：強調產品的核心價值

當顧客選擇一個產品，潛意識裡會考慮對該項產品的使用能否真正對自身產生一種積極向上的作用。這在相當程度上來說並不取決於商家或銷售者，好的銷售者能夠做的，就是強調產品的核心價值。

法則 3：用價值去爭取高利潤

行銷大師科特勒（Philip Kotler）說：「你不是透過價格出售產品，而是出售價格。」

每個人都知道「一分錢一分貨」的道理。低價的確容易吸引顧客，卻也容易使其形成「便宜沒好貨」的印象。利用低價手法或許短期收益明顯，從長遠角度來看，卻侵蝕了長期利潤，以至於銷量增加，利潤卻在下降。

「互聯網＋」時代，消費者正在逐漸從單純追求溫飽型的消費追求高品質型消費轉移。一味低價往往無法滿足消費者更多個性化、追求品質的市場潮流，更無法滿足企業／商家

／銷售者追求利潤的要求，更無法滿足市場競爭快速變化、不斷換代的需求，最終面臨低價而無銷量的銷售窘境。

為什麼海底撈的「變態式服務」深得顧客心？

提到海底撈，我們都不陌生，這是知名的火鍋連鎖企業。

長久以來，海底撈始終堅持菜品、服務不打折。到了「互聯網＋」時代，海底撈透過一系列嘗試，也獲得了客觀數量的消費者群體。

銷售場景：

說到海底撈的「變態式服務」，相信線下的許多消費者都體驗過：

表：海底撈的「變態」式服務

海底撈的「變態」式服務	
細節	分析
進店時	當顧客進入海底撈的店中時，接待員不僅只是微笑著歡迎，他們會科學的進行排號、分流，及時與服務人員接洽，並有專人將顧客帶至指定位置。
行走時	行走時，還會提醒顧客「當心腳下的臺階」。
等候時	海底撈的等候區不在門口，而是設在各區域的過道旁邊。讓顧客看到熱騰騰的飯桌，看到其他人吃飯時興高采烈的表情。這本身就是一種吸引。 在等候區的桌子上，有圍棋、跳棋、五子棋，還可以免費吃爆米花、水果、免費喝茶等。進門的大廳裡，會有免費的美甲，擦鞋服務。
就餐時	為了保護顧客的各種財物、方便顧客入座，服務生會根據入座的顧客為他們提供相應的「特殊道具」，例如，擦眼鏡布、綁頭髮的皮筋、裝手機的小塑膠袋等物品。
點餐時	在客戶點餐時，點餐卡上，明確的提示，可以點半份。並專門留出客戶寫特殊需求的地方。到了網路時代，店員們則是每人拿著一個 ipad，隨時準備為顧客點餐，當然顧客也可以透過 ipad 自行點餐，既節省了時間，也讓消費者體驗了科技的進步。
用餐時	用餐過程中，走動巡視的服務生會適當的與顧客隨意聊些話題。
點多時	顧客一旦點多了菜，只要沒有打開過，或沒動過，可以隨時退掉。顧客退的只是幾元、幾十元，公司贏得的，卻是顧客的歉意與多次上門消費的忠誠。
如廁時	海底撈的洗手間裡，有兩位專門的服務人員，他們的工作就是「伺候客人洗手」當客人洗手時，他們會為客人準備好洗手液、毛巾等物品。
離店時	顧客離開時，這裡的員工們一直會保持著開朗的笑容，並在需要時與顧客聊天、談論事情。他們幸福並快樂著，還把那份幸福與快樂傳遞給了每一位來消費的顧客……

正是類似上述這種「變態」服務，才會讓海底撈有那麼高的「回頭率」，才會有那麼多忠實的顧客。

回到線上，其實早在 2009 年，海底撈就開始對整體門市規劃了相應的線上平臺系統，實現了店內系統、線上產品、客戶管理、社群服務等系統的打通，為近幾年海底撈線上銷售的發力奠定了良好的基礎。

▢ 在「互聯網＋」時代重新定義銷售

在「互聯網＋」時代，我們要改變的不只是消費者的使用習慣、銷售者的行銷策略，更多的是我們對銷售的認知與理解。

倘若還是用老一套思維，走原始的、行不通的老路，就算你再怎麼擁抱網際網路，打著網際網路的旗號去行銷，也只是新瓶裝舊酒。

「互聯網＋」的興起，意味著創造了無區隔市場的同時，也製造了一個無形的服務平臺。顧客可以自行比較商家之間的報價和服務品質，這表示企業可以透過網路這個無形市場展開競爭，盡量提升品質，用更高的服務熱情換取顧客的滿意度，這也是網際網路賦予新時代銷售的深刻內涵。

【不銷有因法則】……………………………………

▢ 法則 1：意識到服務的價值與意義

比起西方已開發國家，亞洲一些銷售市場和企業顯然還不夠成熟化、市場化。我們自不必照搬照抄某些崇尚「自由、冷漠」的西方服務業企業的宗旨。有句話說得好，最大的優勢往往也會成為企業最大的劣勢。隨著時間的推移，如今的顧客越來越不關心產品的特點，而是越來越關心商家的服務。

因此，我們不僅需要突破自我，更要意識到服務的價值高於產品製造，例如，知名的 IBM 公司正在從產品經濟轉向服務經濟，以顧客的諮詢服務為重點，挖掘利潤點。

法則 2：以「市場為導向」向「以顧客為導向」轉變

時代總是處於變化、發展之中的，我們不能絕對地說產品經濟會完全轉向服務經濟，即使是服務經濟也可能被體驗經濟取代。

顧客不僅會選擇產品本身，更會選擇服務，有口碑的優質服務已經成為決定其最終購買的不二籌碼。

隨著資訊化的發展，很多企業的重心也由產品和技術型向服務和應用型轉變。為此，企業也應由最初的以「市場為導向」向「以顧客為導向」轉變。不斷提升顧客滿意度，已然成為當今企業之間競爭的核心要素。

法則 3：透過模式創新，獲取更高利潤

時代華納的前執行長麥可．林恩（Michael Lynne）說：「在經營企業的過程中，商業模式比高技術更重要，因為前者是企業能夠立足的先決條件。」

管理學之父彼得．杜拉克說過：「21 世紀企業之間的競爭不再是產品與產品的競爭，而是商業模式之間的競爭。誰先走一步，走對一步，誰就有可能獲得極大的成長。」

只有那些創新的、先進的商業理念和模式，才能幹掉對手，跨界打劫。

而企業想要獲得長足發展，除了要注重顧客的真實需求和內心感受，能否實現創新，直接決定了企業未來的生死存亡。

為什麼「貴族化」的勞斯萊斯令人趨之若鶩？

銷售場景：

物以稀為貴。

勞斯萊斯汽車公司（Rolls-Royce）以「貴族化」享譽全球，年產量只有幾千輛，而勞斯萊斯汽車之所以能成為顯示地位與身分的象徵，是因為想要購買勞斯萊斯轎車的購買者，需要接受勞斯萊斯汽車公司對其身分及背景條件的審查。

毫不誇張地說，勞斯萊斯甚至曾有過這樣的規定：只有擁有貴族身分的人才能成為其車主。

勞斯萊斯的高貴還源自它的高品質。它的創始人亨利．萊斯（Henry Royce）曾說過：「車的價格會被人忘記，而車的品質卻長久存在。」

而勞斯萊斯汽車對這句話的應和正是如此，自 1904 年到現在，超過 60%的勞斯萊斯仍然效能良好。

勞斯萊斯最與眾不同之處，在於它大量使用了手工工藝，這也是勞斯萊斯價格驚人的原因之一。

直到今天，勞斯萊斯的車頭散熱器的格柵完全是由熟練工人用手和眼來完成的，不用任何丈量的工具，引擎也完全是用手工製造的；一臺散熱器是一個工人花費一整天時間製造出來，並且之後還需要 5 個小時進行加工打磨。

另外，每尊車徽「飛天女神」採用的是傳統的蠟模工藝，完全用手工倒模壓製成型，然後再經過至少 8 遍的手工打磨，再將打磨好的女神像置於一個裝有混合打磨物質的機器裡研磨 64 分鐘，最後再經過手工修正。

經過重重工序之後的每一尊女神像都是不完全一樣的，都是一件獨一無二的藝術品。

從飛天女神的製作工藝可以想見，勞斯萊斯造車又是多麼追求精益求精的品質。

製造工藝的奢華，讓勞斯萊斯汽車的製造者到了可以選擇顧客的程度 —— 有錢不一定能完全成為勞斯萊斯的車主，政府部長級以上高官、全球知名企業家及社會知名人士可以駕駛銀色，知名的文藝界、科學技術界人士，知名企業家可以擁有白色，唯有國王、女王、政府領導人、總理及內閣成員才可以享受黑色級別的勞斯萊斯……

出售的不只是產品，而是一種慾望

勞斯萊斯奉行的理念是：「把最好做到更好，如果沒有，我們來創造。」

不僅稀有，且擇主而棲，這種貴乎稀有、萬裡挑一的姿態正是人們對其戀戀不捨、趨之若鶩的癥結所在。

勞斯萊斯因為其奢華的製作工藝而產量稀少，已經足夠讓人們對其產生欲罷不能的好奇，而進一步對購買者的嚴苛選擇，反而讓人們更是對其青眼有加。

勞斯萊斯的例子讓消費者深刻意識到：不是有錢就可以買到汽車，而是需要身分來相配的高貴產品，是要與使用者相得益彰的極具生命力的產品。

無論你多麼了解你的顧客、他的所需與現狀，也不管你多麼了解自己所推銷的產品、它的最大優點、能帶來的最大化的效益……

最重要的是，你要將二者很好地結合起來。在今天，我們不僅是在出售產品，而是一種慾望 —— 滿足消費者對產品品質的占有，令其感受物超所值所帶來的快感。

【不銷有因法則】……………………………………

法則 1：「互聯網＋」時代需要「工匠精神」

隨著「互聯網＋」時代的到來，很多人認為今天更應該強調創新和創造，再提「工匠精神」已經落伍了。

其實不然，「工匠精神」是一種認真、追求精緻、完美的精神，與之對應的是「差不多精神」。今天許多企業出現的許多問題，或少都與「差不多精神」有關。就算你有一流的裝置、一流的技術、一流的規範，但若少了「工匠精神」，同樣難以生產出一流的產品。既然你的產品不是最好的選擇，那就別怪消費者不願買單了。可見，「工匠精神」與創新、創造並不衝突。

法則 2：出售慾望有跡可循

我們若想激發顧客對產品的慾望，也是有跡可循的：

首先是銷售者本身能夠令客戶對其產生信任感。

其次是更進一步的了解客戶的心理與需求。

最後是我們對所推銷產品有足夠的了解。

當然，死板地理解以上三點是不夠的，還需要學會「貫通」，即如何從自身彰顯所推銷產品的價值，如何將客戶的需求與產品的特點相連到一起，而非簡單的產品銷售。

第二章
行動網路對市場趨勢和行銷策略的顛覆性影響

行銷環境的嬗變：場景化、行動化、碎片化

所謂行銷環境，就是指一個產品在什麼樣的市場環境下銷售，而這個產品要賣給誰就是你要找的行銷對象。

行銷演進的三個階段

現代行銷學之父科特勒將行銷劃分為三個階段：

行銷的三個階段	
階段	分析
行銷 1.0 時代 「以產品為中心」	這一時代的行銷是一種關於說服藝術的、純粹的銷售。
行銷 2.0 時代 「以消費者為中心」	銷售者試圖透過與顧客建立緊密關聯，不斷向其提供情感價值，使其了解到產品內涵，逐步吸引顧客購買。
行銷 3.0 時代 「以價值觀為中心」	銷售者不再將顧客視為消費者個體，而是將其視為有獨立心靈、思想、精神的完整人類個體。行銷從「功能差異化」深入至「價值觀的認同」。

今天的行銷環境基本上可以用三個詞來總結：場景化、行動化、碎片化。

具體展現為：

顧客不再局限於在每週、每月的固定時間裡、固定的購物場所（場景）進行消費。而是轉變為全天候、多通路、隨心所欲的消費，每個人都可以在任何時間、地點，透過任何方式購買自己喜歡的產品。

為此，消費者花在智慧型手機（行動端）上的時間越來越長，這足以證明我們的行銷環境正在行動化。

碎片化的特徵就更明顯。

如今，人人都是資訊源，個個都是自媒體。消費者的注意力被分散到各個媒體，形成了消費地點、消費時間、消費需求的碎片化。

改變產品思維：傳統產品繞路而行

既然網際網路對銷售行業帶來如此大的改變，使傳統的產品推廣思維就顯得有些過時了。

無論是企業還是銷售者個人，都要告別過去單一的產品思維，而是在提供顛覆性產品的同時，為消費者提供更多的選擇，更便利的服務。

提供顛覆性的產品，困難在於如何讓消費者認識這個創新產品，並且讓他們意識到自己存在一個潛在問題，正好可以使用該產品解決。

銷售場景：

設想這樣一種顛覆性產品，你的企業開發了一套隨需印刷綜合服務，顧客用它可以節省數百萬美元的印刷和運輸成本(前提是客戶得知道這回事)。

你跟客戶介紹了此項服務，對方興致勃勃打算訂購，不過由於他們之前不知道存在著這種服務，也就不曾做出預算。因此，你必須讓對方有該產品的預算。而且，要想成交，銷售者就必須找到一位有權力批准大額投資的管理人員，使其取消之前計劃的投資專案，重新分配採購資金。當然，這本身也是一場顛覆性銷售活動。

許多銷售者在推廣顛覆性產品時常犯一個錯誤：

對於換代產品或顛覆性的替代產品，銷售的手法是讓顧客認識新產品較之舊產品的優勢，以及新產品可能的使用價值。

如今，不管一樣產品屬於顛覆性發明還是更新換代的產品，它都應該形成自己的風格特點。

【不銷有因法則】

☐ 法則 1：服務產品化

在過去的行銷觀點中，大部分企業和銷售者都是以成本中心而非利潤中心存在，服務總被視作產品的附庸。而今，為適應新時代的需求，我們有必要將無形的服務打造成為與有形的產品一樣，易於被記住、有標準、好評估的「產品」。

透過提高企業的體驗管理，建立、不斷優化服務的標準和流程，為消費者帶去更多便利的服務體驗，這樣才能逐漸培養起消費者對企業的價值認同，而這也為銷售的規模化提供了更多可能性。

☐ 法則 2：產品平臺化

網際網路的發展，讓銷售者更容易與顧客透過平臺的搭建某種關聯，企業也可以利用平臺從根本上改變了傳統行業的銷售模式，進而帶動相關產業的競爭格局，促使整個行業發生天翻地覆的變化。

正如昔日手機的龍頭 Nokia 的衰落，本質上是由於 iOS 和 Android 新系統的出現。這導致手機從傳統產業轉變成平臺產業。透過這個平臺，企業和商家引入了大量線上廣告，同時提升了消費者的參與度，增加了消費黏性。消費者也從商家這裡獲得了優質的服務體驗，這對消費者而言無疑是真正的實惠。

消費需求的蛻變：社交化、娛樂化、個性化

分析完行銷環境，新的問題來了，面對場景化、行動化、碎片化的行銷環境，對於企業、銷售者來說如何是好，未來該如何應對？

首先我們要清楚在網際網路行銷環境下，消費需求正在向社交化、娛樂化、個性化方向轉變。

銷售場景：

2014 年由美國波士頓學院（Boston College）前棒球選手發起的 ALS 冰桶挑戰（Ice Bucket Challenge）風靡全球，引得各界名人、娛樂明星紛紛溼身挑戰。

截止到 2014 年 8 月 29 日，冰桶挑戰募集善款總額累計超過 1 億美元，這項全民參與的慈善活動募捐總額，遠遠超過了 2013 年同期的 280 萬美元。

冰桶挑戰發起的目的是慈善募捐，如果只捐錢不參與挑戰，就會降低這種慈善行為的傳播率和持續率，從某種程度上說，還會被掛上不太道德的標籤。

比如，美國總統歐巴馬（Barack Obama）因為顧忌形象，只捐錢，沒參與，結果遭到了圍觀群眾的質疑，顯然，很多人都已經忘了，募款才是 AIS 協會推動這個活動的真正目的；反過來，如果只參與，不捐錢，又會讓人覺得這些大人物太

吝嗇、缺乏愛心。

所以，最佳的選擇就是既捐錢又參與，如此既能提高自己在公眾心中的形象，又可以為慈善貢獻一份愛心。

從這一點也足以看出，利用娛樂作為引爆點的推廣方式，力量是多麼強大！

美國網際網路行銷專家查克．布萊默（Chuck Brymer）認為，行銷的本質是用完美的創意，實現強大的口碑以影響目標族群；用最小的投入，準確連結目標顧客。

這下或許你心裡就有數了！

面對新的行銷環境和社交化、娛樂化、個性化的消費主體，同時還必須滿足「最小的投入，最精準的連結，最完美的創意」。

面對新的環境與消費需求，你該如何應戰？

面對「碎片化、場景化」的行銷環境與「社交化、娛樂化」的消費主體，又該如何應戰？

行銷學之父科特勒說：行銷是發現需求，滿足需求的過程。

對於銷售者而言，只有先洞察、挖掘市場的需求，才能根據市場和客戶的實際情況，推廣相應的產品，從而在滿足市場或客戶需求的同時，也實現產品的自我價值。

【不銷有因法則】

法則 1：了解具體需求

有需求有意向的顧客更容易發生購買行為，但這並不意味著銷售者就可以掉以輕心。即使我們在前期市場調查中了解到，要面對的顧客基本是對所推銷產品有需求的，但是不是每個顧客對產品的需求都一樣呢？當然不是，同類產品的繁多，細目也多了許多，要想勝出，就得了解顧客的具體需求。

法則 2：確認購買意向

沒有購買就沒有銷售。

了解了顧客的具體需求後，就要進一步確認顧客是否有購買的意向。確認顧客是否有購買意向的方式有很多，你可以直接詢問——我覺得這很適合您的需求，您覺得呢？即使對方提出了異議，也可以進一步讓對方說下去以確認購買意向，畢竟，沒有購買意向的人應該也不會花很多時間來跟你解釋他為什麼不買，尤其在你運用你對產品的掌握對他的異議做出解答之後，一來一去基本也就可以看出是否有購買意向。

行銷策略的改變：場景行銷、內容行銷、社群行銷

面對前文所述的種種變化，企業和銷售者的行銷策略也要與時俱進，推陳出新。

透過場景化行銷解決碎片化、社交化的問題，以景觸情，以情動人。例如健身中心的廣告，充分考慮到了與健身族群的場景相配性。

透過內容行銷解決碎片化、娛樂化的問題，例如，杜蕾斯的「光大是不行的，薄是一定要出問題的」。

而社群行銷則是捷徑社交化的消費需求，同時攻破碎片化的場景。例如，一夜紅遍各大社交網路的熱門貼文。

「互聯網＋」時代的行銷，有時花錢也買不來

針對社交網路上的案例，許多人驚嘆——這真是厲害的行銷，或許沒花一分錢就口碑、下載量雙豐收，這可是很多企業花錢都買不來的。

即使過後有不少人質疑這種自我炒作行為，不可否認的是，其道德水準、成長路徑、價值觀無關乎你我，單從事件本身出發，足以令你學到新時代的行銷策略。

【不銷有因法則】

法則 1：擁抱變化

碎片化的時間、通路，行動化的行為、個性化的價值觀、娛樂化的訴求等等，這一系列新環境裡的變化決定了「互聯網＋銷售」行業的行銷向著場景化、資料化、內容化、社群化的趨勢發展。

法則 2：不銷而銷

不銷而銷是銷售的最高境界。

然而，銷售的成敗不僅僅取決於技術層面，更取決於銷售者的思維觀念。從本質上講，銷售就是一個引導客戶需求，並滿足客戶需求的過程。因此，無論環境如何變遷，銷售者都不能忘本，要始終以客戶為中心，將銷售的重心放在消費族群上。在此基礎上，再改變傳統的銷售思維，巧妙運用新式銷售理念，你才有可能到達銷售的最高境界。

第二部分　銷售的新變革：迎接網路時代的挑戰

「互聯網＋」使行銷具備更高韌性（包括忠誠度，畢竟消費者可以包容偶爾的瑕疵）、黏性（包括活躍度，情感連結）。

然而，以「粉絲」、「網紅」為核心的商業不斷驅動營運模式的重構與升級。對於許多企業來說，更是意味著一場全新的革命或戰役——企業需要向傳統行銷思維說再見，在思維、模式、路徑與策略上做出一系列的轉變，譬如從單純的買賣關係、簡單的關注產品到提供多元、立體化的服務，注重消費者的參與感，以此來提高消費者的黏性和忠誠度。

我們該如何在「互聯網＋」時代用新的思維打造新的行銷模式呢？

——卓言萬語

第三章
企業如何應對突發的市場變化

消費者思維：粉絲網紅消費者為王

銷售場景 1：

傅園慧——這個還在矯正牙齒、戴 600 度近視眼鏡、其貌不揚的游泳小將，卻因其豐富的表情包，加上別具一格的言論，一夜爆紅，成為熱門的網紅。

就在 2016 年里約奧運會 100 公尺仰泳比賽結束後，當記者告訴傅園慧她的成績是 58 秒 95 時，傅園慧一臉驚訝的表情，她張大嘴巴，眼珠子瞪得圓圓的，表情非常激動，似乎不相信自己能獲得這樣的成績。

傅園慧在採訪中的一句話堪稱經典：「沒有保留（實力）！我已經用了洪荒之力了！」

正因如此，賽後的這段影片迅速紅遍網路，而傅園慧的表情包也成為這段採訪影片的亮點。

即使你並不關注 2016 年里約奧運會，但你一定能在新聞媒體、社群平臺上看到過「傅園慧」這三個字以及她那句知名的「洪荒之力」。

「傅園慧」不只紅遍了社群平臺，還順帶上了網路熱門搜尋，紅得猝不及防。

就連英國知名媒體《每日郵報》也重點報導傅園慧，英媒認為傅園慧已經是中國網路上的紅人，報導稱，「傅園慧憑藉採訪時的搞笑神態成為了中國網路上的紅人，這女孩真的是太有趣了！」

的確，在半決賽採訪結束後，不到半天時間，傅園慧粉絲漲了 110 萬。而在短短的兩天時間裡，傅園慧的微博粉絲數已經從 5 萬 6000 人暴漲到 300 萬人。

這個 1996 年出生的杭州女孩，被人們稱為自帶「洪荒之力」的表情包少女。

不妨再來感受一下傅園慧的網紅潛質（以下是記者的公開部分採訪及傅園慧的回答）：

問：「羨不羨慕別的運動員有老公陪伴參賽？」

傅園慧：「我單身 19 年了，不懂這種快樂。」

問：「沒有游泳館怎麼解決特別想游泳的問題？」

傅園慧：「浴缸。」

問：「我可以娶妳嗎？」

傅園慧：「不可以，我還要再闖蕩幾年。」

問：「談談妳和高手過招時的心情。」

一夜之間成「網紅」，竟然還有了淘寶同款？

……

沒錯，由於「洪荒之力」這一名句在網路上走紅，許多商家、店主們紛紛跟風，打起了借力打造「爆紅款式」的主意，甚至販賣起各種周邊產品。例如：各種表情包設計、手機殼、周邊 T 恤、「親筆簽名」（真假未可鑑定）……

不僅如此，2016 年 8 月 11 日，傅園慧還在某家網路直播平臺進行了個人首秀，據悉觀看人數超過 1,000 萬。

儘管傅園慧一再要求粉絲別再送禮，但最終還是獲得了收入超過 10 萬元人民幣的豐厚回報 —— 而這對於似乎正在以迅雷不及掩耳之勢力壓過其他網紅，成為了新的「中國首席網紅」的傅園慧而言，不過是九牛一毛，其背後的商業價值不容小覷。商業化已經是她接下來不得不面對的問題。

「洪荒之力」進行時，游泳小將圈粉無數。

足見，網際網路帶來的巨變之一便是拉近了一眾明星與消費者的距離。如今，傅園慧的走紅，同時也說明了奧運 —— 這個代表國家至高榮譽的嚴肅價值觀，正在網際網路的驅動下走下神壇，變得越來越親民化、娛樂化。

在這樣的新環境下，企業應該做出什麼樣的改變呢？

銷售場景 2：

2016 年 7 月 27 日，特斯拉正式宣布與某國的 A 銀行達成合作，成為該銀行唯一一個享有最低 15%頭期款的汽車品牌。

車型	頭期款比例	分期期數	客戶費率
Model S	> = 20%	12	5.00%
		24	9.00%
		36	13.00%
		48	17.00%
Model S (二手車)	> = 50%	12	5.50%
		24	9.50%
		36	13.50%

圖：特拉斯與銀行合作官方宣傳截圖

在銀行評定貸款資質通過的情況下，最低至 15%的貸款頭期款政策適用於特斯拉旗下 Model S 和 Model X 全系車型。根據該系列的最低價格來計算，消費者最低只需支付不到 40 萬元的頭期款就可以購買一輛特斯拉，最多也只需支付 44 萬多元頭期款即可。而這樣一份申請，在銀行和特斯拉的官方網站活動頁面即可完成提交！

特斯拉與該銀行信用卡的意圖很明顯——想讓更多普通消費者買得起特斯拉。

縱觀該國的國內車市，很多國產車雖然不歧視普通消費者，卻擁有著一顆「只服務於高階消費者」的心。他們似乎並不願意將自己的車型向平民靠攏，也許是為了刻意和普通消費者形象劃開楚河漢界。他們也從來不肯平心靜氣，研究一下普通消費者的用車需求，將價格越定越高。以為能買得起車的一定不差漲的幾萬塊錢。

抱怨銷量不好的企業往往離普通消費者越來越遠

許多失敗的企業總是將失敗的原因總結為時運不好、政策變化太快、市場不景氣、消費者需求變化讓人捉摸不透，技術的發展等外部因素。對此，有人一語道破天機：「都是瞎說，最終都是人不行。」沒錯，所有外部因素都不能成為你無法適應新時代競爭環境的藉口，這句話殘酷、犀利、刻薄，但若不滲透到骨子裡，誰又會真正從夢中驚醒？

如今，以多元化、個性化、互動性為特點的社交媒體大行其道，傳播環境空前複雜，消費者的消費方式也發生極大變化。

無論是傅園慧個人還是特斯拉這類企業，網紅也好、吸粉也罷，二者都有一個共通點——不僅擁有吸引眼球的價值，更有普羅大眾的意義。

對此，我們首先應該考慮的是如何將銷售的觸角伸向更多普通人，以更好地觸達消費者，而其中關鍵就在於打通更多線上通路，做更多有價值的內容，以內容為彈藥，撬動社群，吸引更多普通消費者參與其中。

【不銷有變法則】……………………………………

法則 1：轉變理念

徹底告別通路行銷[06]的理念，而轉向關係行銷[07]，注重消費者長期關係的維護。相比較「過客」而言，一個粉絲消費者所能為個人或企業帶來的價值，甚至不只是重複購買那麼簡單，而是能夠參與到未來的品牌傳播中，為個人或企業提供強而有力的信用背書。

法則 2：轉變思維

向過去單一的消費者思維說再見，圍繞顧客需求，重新爬梳現有服務體系，轉向提供綜合的解決方案，加強關係管理與體驗管理，為消費者帶去無法抵擋的價值與難以忘懷的過程體驗，增加價值認同感。

---

[06]　通路行銷：英文 Trade marketing，是指為了達成交易而展開的行銷活動，是一個價值傳遞過程。通路行銷關注一次性交易。

[07]　關係行銷：是把行銷活動看成是一個企業與消費者、供應商、經銷商、競爭者、政府機構及其他公眾發生互動作用的過程，其核心是建立和發展與這些公眾的良好關係。

法則 3：兜售「參與感」

讓顧客感覺到是品牌或企業不可分割的一分子，並進而產生「認同感」、「成就感」、「歸屬感」，甚至建立堅不可摧的品牌信仰。

法則 4：打通「全通路」

從片面側重對消費者交易紀錄的追蹤，轉向重視對消費者及粉絲的線上線下身分識別、互動與激勵、認可，打通全通路行銷。

價值思維：價值訴求挑戰定價

網際網路的普及與應用促使銷售者不得不改變思考角度，從「我要賣多少價格」轉變為「我能夠為顧客帶來多少價值」，而這也催生了種種全新的定價模式。

用價值而不是價格說服顧客

現代社會競爭激烈，同類產品在市場上也品牌繁多，客戶難免變得挑剔起來，想要在產品與產品的競爭之間，坐收漁利。就產品品質本身來說，無疑是一分錢一分貨。銷售者時常感到有苦難言，顧客明明有購買慾望，卻始終因為價格不能令顧客滿意而使銷售過程失敗收尾。

無論怎樣，銷售者都是盡心為顧客服務的，不妨用產品的核心價值來說服顧客。

銷售場景：

漢斯（化名，下同）是一名廚衛產品的銷售人員。他經常為一些搬新家或者重新裝潢廚房的家庭選擇新的廚房用品乃至設計新的廚房格局。

「妳好，女士，怎麼稱呼？請問有什麼我可以效勞的嗎？」

「哦，你可以叫我唐娜。我想換掉我的抽油煙機，還有整個廚房的熱水器系統，前一個完全無法打理，後一個已經開始不工作了。」

「好的，唐娜太太，我是漢斯，我現在就向妳介紹我們這裡的幾款抽油煙機以及廚房用水循環系統。」

經過漢斯的一番介紹，唐娜太太開始提問和表達自己的意見。

「這款抽油煙機的油汙如何處理？」

「注意這裡，這裡有個小暗盒，妳可以每隔一段時間打開清理一下。」

「那外面的……」

「至於外面的，如果您需要，我們公司也提供產品的維護工作。」

「哦，是嗎？」

「是的。」

「這款為什麼這麼貴？」

「因為這款效能最好，別看它只是個家用抽油煙機，但它的效能已經趕上那種餐廳廚房或者食堂才會用到的大型抽油煙機。」

「真的？」

「沒錯，這一點妳完全可以相信。並且品質也是最好的。」

「可是還是有些貴……」

「但是它的效能是出類拔萃的。」

「哦，好吧，先等一會，我想看看有自動循環系統的熱水器。」

「我們公司保證上門安裝除錯，有問題儘管找我們，我們的售後時間相當長。」

「我想找一種能看到溫度和水量的……這裡有嗎？」

「有的，這一款就有。」

漢斯特別介紹了一番，唐娜太太很滿意。

「我買了兩件產品，可否多打點折呢？」

「唐娜太太，連抽油煙機帶水循環系統可以為您打九折。」

「可是還是有些貴啊。」

「唐娜太太，這不是貴，而是產品的品質決定了最終的價格，您自己親自挑選的還不知道嗎？」

唐娜太太點點頭，「那好吧，就這樣吧。」

漢斯很愉快地完成了唐娜太太的訂單，談定了上門送貨安裝的時間。

對顧客而言，既想要好，又想要實惠。也許他們不能理解為什麼不能又好又實惠。銷售者要做的就是，讓顧客的核心價值與產品的優質相映合，顧客就不會再糾結於價格了。

【不銷有變法則】

法則 1：不急於定價或降價

首先就產品核心價值來說，在顧客提出購買條件或者要求講價時，銷售者先不要急著定價或降低價格。不要被「價格」這一點模糊了視線，銷售者應當牢記自己的主要任務是銷售產品而非講價，要把工作重點放在和顧客講解產品的核心價值上。要讓價值來說服顧客，質疑產品價格的顧客可能是對產品價值認知有偏差，銷售者就要消除這種偏差。並且應當告知顧客的條件已經超過了自己的銷售底線。

法則 2：魚和熊掌不可兼得

就顧客的心理來說，顧客總是希望買到好的產品和最便宜產品——但是顧客最需要的產品效能，往往只能有一個——「最好」和「最便宜」是不能兼得的。在顧客提出其他產品更便宜的時候，不妨牢牢抓住顧客的心理來勸導顧客。讓顧客感到與產品之間的相互輝映，那麼顧客就會願意付出代價去獲得產品。

整合思維：線上線下高度融合

「互聯網＋」時代對傳統的通路管理與營運也帶來極大挑戰。消費者的生活及消費軌跡開始融合，企業應該快速整合各種線上、線下的通路，聚合二者的優點，多角度、全方位地接近消費者，從各個方面關注並提高客戶體驗，讓傳統企業和網際網路企業也進入全體驗圈競爭的嶄新時代。

銷售場景 1：

Bonobos 是美國知名男裝電商，該品牌在成立之初是一家專注線上電商的零售商。

但經過過去幾年中，Bonobos 在美國多個城市推出了 Guideshop——「指南商店」，該模式實現了線上與線下無縫對接。顧客只要走進店裡，找到適合自己尺寸的襯衫、褲子或套裝，接著就可以空手走出店門，服裝將在下單後在 48 小時內直接為顧客配送到家。

相比較傳統服裝企業而言，Bonobos 的這一模式有效緩解了線下門市的庫存壓力、營運成本也得到了緩解，而與其他純粹的網際網路企業相比，則有可提供無可比擬的線上、線下融合之體驗。

銷售場景 2：

Starwood Hotels —— 喜達屋飯店，全球最大的飯店及娛樂休閒集團之一，旗下擁有威斯汀、艾美、喜來登、福鵬等知名品牌。

2014 年 11 月喜達屋飯店就與蘋果聯合推出了一款應用程式，允許消費者使用 iPhone 作為客房鑰匙進行使用。

2015 年，隨著 Apple Watch 的發售，喜達屋也正式宣布消費者可以使用 Apple Watch 來解鎖全球超過 100 家連鎖飯店的客房，並完成預定、支付、登記等工作。

除此之外，消費者如果想對飯店訂單進行評價，只要透過相機就可以一鍵記錄、分享到社交媒體。

從場景到觸達，一個完整的飯店 O2O 服務閉環就形成了。

網際網路除了降低了飯店的人工成本，更透過「互聯網＋」的介入，提高了營運效率、使線上線下的顧客體驗融為一體。

或許有人會問，傳統通路就不好嗎？

的確，傳統通路或許更便於管理和控制，但同時也要承擔一定的風險：

表：傳統通路的風險

傳統通路帶來的風險	
風險	分析
競爭風險	有實力的大企業之間的競爭非常激烈。就算你的銷售占比都集中在傳統通路，但你是否就能保證跟得上對手的促銷活動，若是跟了或許利潤就全軍覆沒，不跟就等著被打壓吧！
專業風險	中國從來不缺做通路的大企業，因為他們在業務洽談、物流配送、合約談判等等，所以在短時間內也能賺到錢，但畢竟這樣的企業只是寥寥，這是大部分中小企業都不可複製的。
結構風險	企業與大商家合作時間越長，就有被稀釋越多銷售額的風險。例如，不少小家電企業動輒在線上商店就是上億的銷量。反觀收入，對手逐年遞增，銷量年年稀釋，但由於「剝削」得太嚴重，又不敢輕易放手，只能硬著頭皮做下去。
利潤風險	無論是直營還是經銷商銷售的方式，都難以在短時間內有豐厚的利潤回報。如今大多數商家都在透過燒錢、低價來壓縮成本，然而利潤並不理想。

通路越豐富，銷售機會就越多

「互聯網＋」經濟的時代，極致體驗、免費模式、粉絲經濟、通路為王……層出不窮的新詞、熱門詞讓許多傳統企業看不懂、玩轉不了。

放眼望去，我們已經經歷了三個通路時代：

表：企業經歷的三個通路時代

企業經歷的三個通路時代	
時代	簡要分析
「單通路時代」	1990~1999 年，迎來巨型實體店連鎖時代。 這一時代企業困境在於通路過於單一，實體店往往只是涵蓋周邊很小範圍的消費者，實體企業生存岌岌可危！
「多通路時代」	2000~2011 年，線上商店時代到來。 許多企業零售商採取了線上和線下雙重通路發展。與單通路相比，多通路的路徑更豐富，但也面臨通路分散，管理成本高等瓶頸。
「全通路時代」	2012年開始至今，實體店鋪地位逐漸弱化，企業越來越重視消費者體驗，開始結合多通路展開全面銷售。

顯然，如今我們正走在全通路時代。

全通路（Omnichannel），是指企業為了滿足消費者在任何空間、時間、地點、方式的購買需求，採取實體通路＋電子商務通路＋行動電子商務等全通路整合的方式進行銷售，最終向消費者提供無差別的購買體驗。

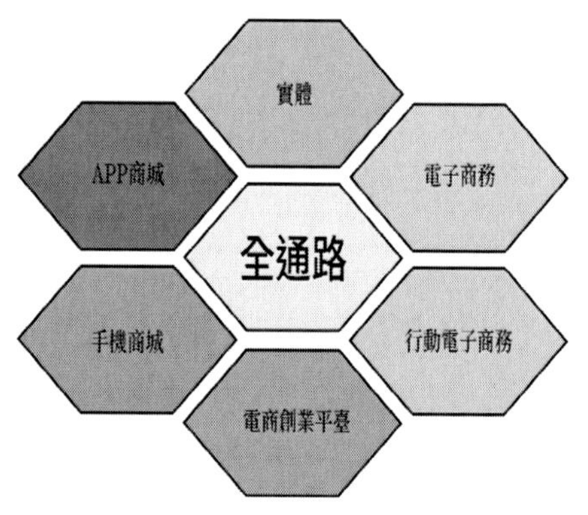

圖：全通路模式舉例

可以肯定的是，面對單一通路帶來的重重風險，企業應該轉變觀念，用整合思維豐富通路——通路越豐富，未來的銷售機會就越多。

【不銷有變法則】

法則 1：全程

消費者從接觸一個品牌到最後決定購買，這個全程通常包括五個關鍵環節：

- 搜尋
- 比較
- 下單
- 體驗
- 分享

在上述關鍵節點，我們可以透過整合通路，確保企業全程保持與消費者零距離接觸。

法則 2：全面

企業可以透過網際網路銷售系統，累積與消費者購物相關的資料，同時在這個過程中與消費者及時互動，給消費者個性化建議，從而掌握消費者在購買過程中的決策變化及消費心理。從而提升消費者購物體驗、優化產品。

第四章
在網路時代背景下的有效銷售策略

新玩法：賣貨、聚粉、建平臺

「互聯網＋」時代的銷售，最根本的新玩法是企業和銷售者要打好三大戰役——賣貨、聚粉、建平臺。

「互聯網＋」時代的三大戰役：賣貨、聚粉、建平臺

賣貨、聚粉、建平臺，在這方面企業和銷售者有著不同的疑問：是不是在線上商城，開一家線上商店，賣產品就行？

是不是花錢買粉絲，提高粉絲數量，就能聚集人氣做推廣？

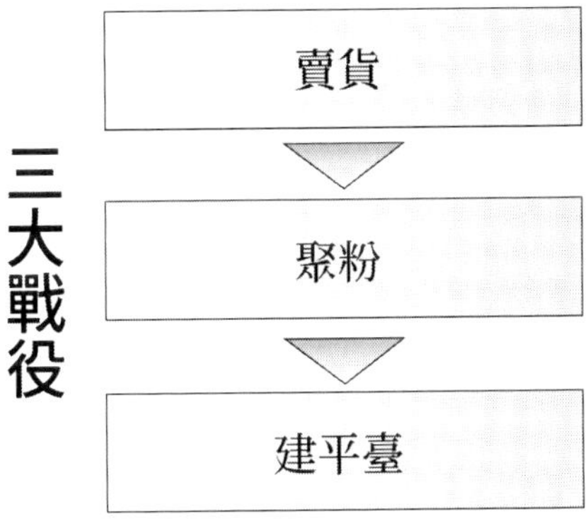

三大戰役

賣貨

聚粉

建平臺

圖：「互聯網＋」時代的三大戰役

是不是自建一個電商網站就能搭建起銷售平臺？

當然不是。

【不銷有變法則】

法則 1：賣貨

擁抱網際網路並非簡單地把銷售店鋪從實體搬到線上。如今，消費者的話語權、主動權越來越多，是根本性的遊戲規則的改變。

你現在人在網路上衝浪，玩的卻還是老掉牙的新接龍、接龍。就像你註冊了社群平臺帳號，卻還只會花錢買粉、砸廣告，別人都在發表原創觀點時，你卻在到處集讚、轉發、贈禮。那這根本不是變革，是頑固不化。

銷售場景：

2013 年，高粱酒行業不景氣，可一款酒成功「逆襲」，銷售業績高達 5,000 萬元。該款酒用網際網路思維改造著傳統高粱酒產業，讓業界老闆們見識到簡單的力量。「生活很簡單」正是該品牌的理念。

簡單的包裝，讓它在複雜的市場中更有底氣。傳統高粱酒行業，與其說是在賣酒，不如說是在賣包裝，花在包裝上的錢占總成本的 25%左右。而該款酒去掉外盒，只有瓶，包裝成本只有 10%左右。對比傳統酒業，節約了 20%的成本。

該款酒製造了 600 塊錢的品質，最終價位定在 300 塊錢，將高粱酒做到簡單並且環保，立即吸引了大批消費者。

產品線很長，種類特別多是傳統高粱酒行業的特點。可企業看似經營產品繁多，實際上單品的銷量並不大。該款酒反其道而行之，只做 1 個單品，包括 3 種不同容量的規格瓶裝。

產品線簡單，銷售業績卻不簡單，這就是值得後來者借鑑的網際網路時代的「賣貨」新法。

法則 2：聚粉

聚粉不等於圈粉。我們不僅要注重粉絲的數量，更要注重沉澱「粉絲」的過程。

舉個簡單的例子，朋友轉發廣告 A，成交額還不錯。但你未必保證這些人下次會繼續轉發廣告 B。「粉絲」何時轉發、轉發什麼內容，都難以確定。粉絲有需求時，正好想買你釋出的產品，於是順帶幫你轉發，宣傳了產品和線上商店。而粉絲下次沒有需求時，你再主動騷擾。這次怎麼辦，直接封鎖掉！記住，今天幫你轉發 1 次下次就可能有 100 個人將你封鎖。

再比如，1 萬個訂單傳遞給你的訊息最多是有多少銷售業績，而 100 個活躍粉絲帶給你的訊息是：我為什麼喜歡你家的產品？我為什麼要關注你？以後我想在你家買到什麼新產品……這些資料足以告訴你下一步該如何打算。這些「粉絲」在沉澱的過程，也會從認可你到信任你，從幫你傳播到依賴你。

法則 3：建平臺

網際網路不僅為我們提供了更多機遇，同時也加劇了讓強者更強，弱者更弱的馬太效應。它能夠讓有資源、有人脈之人的平臺越來越寬廣，也能讓資源優勢少的人難以建立起真正的平臺。

如果徒有網際網路思維的外表，而沒有機會，所有的計畫、策略最終可能會成為發展的「內傷」。對於大部分企業而言，這個機會就是尋找一個可靠的平臺，才能更好地順應網際網路之「勢」，走得更遠。

新階段：覺察、細節、方案、時限、顧慮

從 PC 時代到行動網路時代，我們已然步入新的階段。

網際網路的連線能力也越來越強，例如，時空維度的不斷拓展促進了網際網路雲端運算及大數據的應用，而且開闢了物聯網這個新領地。

在未來，連線的勢頭仍將繼續，而我們所處的這一階段也終將成為「互聯網＋」時代的主要基調。

「好的公司滿足需求，偉大的公司創造市場」

面對網際網路時代的消費者大戰，有人幽默地說：「本來你想娶一個女人好好過一輩子，結果娶回家被窩還沒熱，

這個女人可能被別人搶走了。」

某一家知名的訓練機構就像當年被蘋果和安卓夾擊的Nokia，不得不面對來自各方的擠壓：20多名講師集體出走，簽約別家；投入10億玩免費課程，推出半個月的免費教育強勢吸引了消費者眼球……這樣的結果儘管很無奈，但必須要接受。

美國管理大師杜拉克的「創造市場」理論依然適用在網際網路時代：「好的公司滿足需求，偉大的公司創造市場」。現在，那家訓練機構早已做好了擁抱網際網路的準備，開始用網際網路思維重新打造一個更新的平臺，邁向一個更新的階段。

【不銷有變法則】

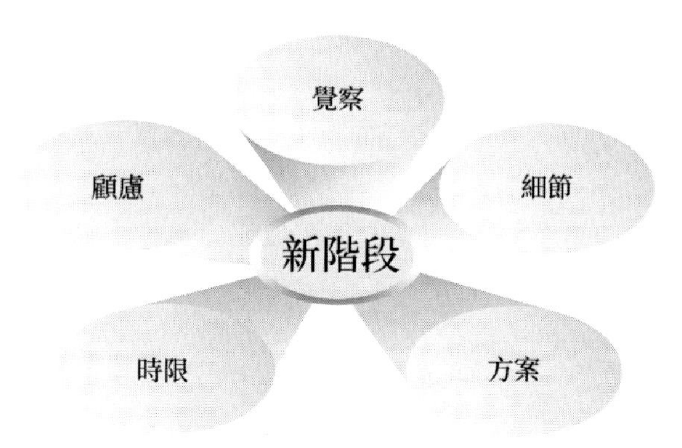

圖：「互聯網＋」時代的新階段

法則 1：覺察

從前，行銷中多用涵蓋寬闊的廣告形式，諸如平面廣告、廣告招牌、電視、廣播、贊助冠名，有時還多管齊下。察覺對方的需求非常重要，這可以大大降低銷售者初次拜訪的難度。

覺察的第一要素是想客戶之所想。

早些年，銷售者是透過廣告、公共關係、大型活動以及直接行銷激發客戶察覺對公司產品的需求。如今，顧客早已在大量訊息來源的「千萬點光芒」下眼花撩亂。

銷售者不妨緩一緩，先針對你的產品弄清楚下列要點：

對方都有哪些職位的人會參與購買決策？

對於每個職位的關鍵人，我們的產品可以幫他解決哪些重要的問題？

如何把我們的銷售或行銷工作聚焦到這些問題上？

哪些媒介可以最有效地接觸這些目標職位人員？

法則 2：細節

具體表現為著眼於大處，著手於小處。

傳統銷售轉型涉及方方面面，哪怕其中一個微不足道的細節考慮不周，就會導致失敗。銷售者要從細節出發，瞄準目標，射中靶心。既掌握住大方向，也兼顧到每一個細節。一步一個腳印。切記不能冒進、盲目。

法則 3：方案

到了這個階段，最重要的問題是解決方案，或者說是搭配顧客的要求清單。這時是各種證據（成功案例、實力考察、公司產品介紹等）發揮威力的時候，因為對方想要驗證銷售者之前所說的種種都能夠實現。在這一階段，顧客在產品上看到的一些特徵可能會改變他之前的要求清單。同時，顧客也會開始尋找其他有競爭力的更適合的產品。

法則 4：時限

大數據的處理能力和網際網路的速度讓人工智慧成為了現實。

走在大街小巷，理髮店隨處可見，店內顧客寥寥，一個個關閉的速度比開張的速度還快。在競爭如此激烈的高壓下，時限就成了決定顧客購買決策的因素之一。日本人小西國義創辦了一家 QB HOUSE（Quick Barber 快速理髮）理髮店。創立僅僅不到 5 年，就創下了將近 40 億日幣的業績，被《華爾街日報》稱之為「QB HOUSE 進行了一場日本理髮行業的革命」。

法則 5：顧慮

當一位顧客在訴說與風險相關的顧慮時，銷售者應該意識到風險顧慮只是顧客的一種情緒性障礙。討論完那些看起來可以解決的問題之後，我們應該盡力安撫客戶的情緒，一方面承認這是一個重要的決策，另一方面幫助顧客從憂慮情緒中走出來，轉到雙方在專案評估過程中努力理清的邏輯理由上去。例如，可以採用的最好的應對方法便是總結陳述潛在的價值、顧客目前使用的產品的缺陷、對於產品的需求以及已提供的推薦，然後大大方方地建議顧客做出抉擇。

記住，在顧客向你提出對風險的顧慮時，你一定要保持冷靜，否則恐怕你就要與一筆大單失之交臂。

新行銷：文化、行為、融合、社群、流程

網際網路已經激發了消費者的各項消費需求，導致消費經濟從短缺步入了過剩的時代。在這樣的前提下，生產標準化產品的模式終將退出舞臺，基本的需求被滿足之後，消費者的需求向個性化方向發展是大勢所趨，而客製化則是個性化最佳的實現方式。這就要求銷售者透過各個方面的改變建立起新的行銷模式。

新時代的行銷不該被玩壞

說到行銷，當下最紅的莫過於社群媒體行銷。

曾幾何時，自從知名汽車廣告出現在社群媒體後，就有大批使用者將自己的頭貼和暱稱換成了該品牌名稱。這種廣告的迷惑性很強。同理，商家也可以花大價錢買一大批使用者頭貼，製造規模效應，進而獲得行銷效果。雖然這種做法可能會過度消費社群媒體，降低使用者體驗。所以我們應該思考如何避免這種情況發生。

由於廣告的新鮮度，使用者才不反感，且熱衷於參與互動討論。但這樣的廣告未必能持續堅持下去。隨著後面推送頻率的增加，我們必須考慮如何才能維持使用者的新鮮感，否則就會破壞使用者體驗，再好的行銷有一天也遲早被玩壞。

【不銷有變法則】

法則 1：文化

顧客希望能夠按照自己的節奏行事，由他們自行決定如何評估產品，不要被銷售者自作主張地劃定為潛在顧客，還希望由自己決定是否準備好聯絡銷售者，以及何時聯絡。

可如今，大部分銷售者已經沾染了傳統銷售的習性，倡導用銷售創造最大收入，而不是賦予顧客主動權，不思改進的組織與新型顧客的步調將越來越不協調。

銷售者有必要塑造一種銷售文化，幫助自己理解顧客。別以為顧客會跳過這個階段直接與你簽約，那是在自欺欺人。就像一對夫婦在考慮是否買下一間房子時，他們不要房地產經紀人陪伴，只是兩人在外徘徊。同樣，潛在顧客也要獨自思考他掌握的一切資訊，再來決定是否繼續。

法則 2：行為

隨著網際網路的蓬勃發展，顧客的消費模式和行為習慣在急速轉變，傳統的商業模式在網際網路發展的浪潮中也必須順時而為、做出改變，在網際網路時代能夠存活下去的，未必是最強大的企業，而是能夠隨機應變，能夠迅速做出調整的人。

法則 3：融合

以行銷方面來分析，隨著銷售者、通路、廣大閱聽人等等，之間的不斷碰撞、重組、融合，圍繞著以消費者為中心、行銷人員為引導整合角色的新型行銷生態圈逐步形成，而這一切都是在各行銷主品牌生態圈的基礎上所誕生出來的。行銷生態圈逐漸形成，銷售者如何與行銷生態圈的利益各方之間形成一個協同增效的新關係體系，是擺在廣大銷售者面前一個全新的課題。

法則 4：社群

2014 年，一位資深媒體人和傳播專家在演講中講到：「現在網際網路已經讓社會，從一個大群體，分裂成了無數個小群體，在你這個群體裡已經鬧翻天的事情，在群體外根本沒人知道。如果不是派了三個人去韓國，我們根本不知道仁川在開亞運會。企業家很多推測他人的能力，就是「推己及人」，上半夜想想自己，下半夜想想別人。只有推己及人，我們才能改進產品。但現在這個社群發生了什麼，我們根本不知道。年輕人根本就懶得跟你說。他根本就不願讓你懂。海賊王誰看過？沒玩過魔獸世界，沒玩過刀塔傳奇，你根本不知道人家在說什麼。網際網路正在把人群切成一小塊一小塊的，以往全套的傳播方法論正在崩塌。」

在這個全新的商業時代，品牌要學會跟社群對接，也就是要掌握和符合自己閱聽人的社群進行共振的辦法。

在新的「互聯網＋」商業生態中，最高明的還是依託社群做產品。效果稍弱一些的是依託社群做電商，社群電商的優勢在於減少了流量成本，利潤必然會增加。

❑ 法則 5：流程

簡潔往往比複雜難得多，《簡單》(*Insanely Simple*) 一書中提到簡潔是應對複雜世界的武器，通常簡潔也就意味著高效能。消費者的購物時間越來越碎片化，這要求我們的流程設計要越來越簡化，在每個消費者與之想要的商品或服務之間用最短的時間建立起最短的路徑。如果，消費者無論從那個通路進入，在找到他感興趣的商品前，整個操作流程都不會超過三步，這種感覺一定非常棒！

第三部分　銷售的策略重組：網路時代的勝利關鍵

傳統企業的消費者正在大批流失 ——

客戶不來，銷售不知道究竟為什麼。

客戶來了，卻不一定發生購買行為。

客戶買了，也不一定能留住他的心。

這其中，原因是多方面的，庫存不夠、不想排隊、網路上便宜、款式不全、不方便採購、售後服務跟不上……

總之，不知是我們越來越不懂得消費者，還是消費者的口味越來越刁鑽？

可以肯定的是，每一次、每一場銷售業的重大變革，無不是向重視消費者更進一步，未來的行銷趨勢亦如此。

為了滿足消費者更多的個性化需求，打造更適合企業發展的行銷環境，我們也是時候換一種商業邏輯來思考了！

—— 卓言萬語

第五章　價值邏輯：創造與尊重顧客價值的價值觀

傳統銷售開啟「互聯網＋」的鑰匙：顧客價值

銷售場景：

2014 年 8 月 2 日，一位歌手舉辦了一場個人演唱會。特別之處就在於，這場演唱會最終讓那些傳統企業跌破了眼鏡。

演唱會的爆滿充分地展現了歌手的人氣之高。但最令傳統企業驚呆的是，這場演唱會居然引入了 O2O 模式，使得這場演唱會從始至終都散發著網際網路思維的氣息。

傳統概念下的演唱會模式，主要以線下票房和廣告來創造收入。銷售商也都是傳統線下通路。通常在這種模式下，一位歌手的演唱會票房如能超過上千萬，已算是一線收入了。

而此次演唱會，將行銷從線下搬到了線上，並且主要採用電商模式，同時與多家網際網路平臺進行了深度合作。

只用了不到 3 個月的時間，演唱會門票就已售罄。

另外，觀眾除了可以在現場觀看，還可以選擇線上付費直播的方式觀看。並且只需要花費百元，就可以在影片網站同步觀看。

這場演唱會的銷售模式可以說是顛覆性的，隨之帶來的收入也是顛覆性的。

據統計，此次演唱會僅門票收入就已高達 2,500 萬元。有業內人士分析，如果加上線上付費觀看的消費者及商業廣告，演唱會的門票總收益應該超過 5,000 萬元。

一場傳統的演唱會就這樣因為網際網路而得到了顛覆，還為進一步推動音樂產業的進化開了個好頭。

「這件商品這麼貴啊！」當某件商品被顧客放棄的時候，90%以上的原因都是「貴」，一些傳統行業的企業可以透過區域性壟斷來控制產品的價格，即產品賣多少錢全由企業說了算。

而在網際網路商業模式下，一旦顧客的關注點是價格的話，他們通常會果斷放棄這件商品，去選擇更符合自己理想價位的商品進行購買。

如果說線下通路由企業主導價格的話，在網際網路上則完全由顧客主導價格。因此，傳統行業尋求突破進行網際網路行銷，千萬不要忽略顧客的價值。

傳統行業涉足網際網路銷售，一定要尊重顧客價值

一位國外的行銷專家曾經這樣說：「在一個缺少顧客而不是缺少產品的社會中，以顧客為中心至關重要，僅僅滿足顧客並不夠，必須取悅顧客！」

網際網路行銷正符合這種情況，如今的網際網路商業任何商品都不缺少，但想打動顧客的心卻並非一件容易的事情，這需要傳統行業提升在網際網路行銷中的綜合競爭實力！

所謂的顧客價值，簡單而言就是指顧客購買產品的收益減去顧客付出的成本。

【不銷有謀法則】

法則 1：細分顧客價值

如果將顧客價值進行細分，可以分為兩個部分 —— 價格價值和感知價值。感知價值也可稱為心中價值，即顧客從產品或服務所獲得的核心利益來定義價格，比如通常人們對一瓶醬油的價格定義在 100 元之內，一部普通的手機價格定義在數千元左右⋯⋯但是，如果一件商品的目標價格超過或低於其預定值，顧客就會產生種種顧慮；而價格價值，舉例描述就是原本價值 20,000 元的蘋果手機，突然以 14,500 元的

價格出售，就會導致顧客感覺用低價購買到了期望值高的商品，同時感覺占到了大便宜，目前多數網際網路電子商務平臺都在使用這種定價方式來吸引顧客，比如「原價 2,000 元，特價 1,200 元」這樣的定價方式比比皆是。

☐ 法則 2：重視顧客價值

到底該如何重視顧客價值？作為準備做網際網路行銷的傳統企業，上來就和對手刺刀見紅拚價格這種「殺敵一千，自損八百」的做法顯然不可取，其實很多傳統行業一開始並不想涉入網際網路，但最終又無奈於殘酷的現實而紛紛踏足。

有傳統行業業內人士根據自己所處行業的現狀，擔憂地表示：「我們發現如今消費者的消費習慣已經發生了改變，很多消費者都從線下消費轉移到線上消費。但是，一個不容忽略的問題就是，線上消費固然有諸多優點，卻真實地傷害到了實體店，更為重要的是 —— 線上銷售忽略了消費者的真實體驗！」

在以消費者為主導的網際網路時代，傳統行業要進軍網際網路，必須將改善客戶消費體驗作為出發點，更要把自己的商品價格做到深入人心！一件商品具體賣多少錢或多少錢能賣出去，與顧客的心智形成潛意識存在很大關係。若要顧客覺得物有所值，必須透過宣傳或一些其他行銷手法來實現。

任何產品無論什麼價格，總會有人嫌貴，就算成本價進行銷售也不例外。因此，企業在對產品進行宣傳時，可以先談價值，再談價格。也就是讓顧客先認可產品的價值，而讓顧客認可產品價值的行銷手法有很多種，整體而言可以分為兩個方面，一是憑藉商品本身的優勢，二是與競爭對手的產品效能進行比較。只有得到顧客的認可，才有希望完成行銷的最後一個環節。

當前，網際網路行銷推廣算是商業模式和理念最為先進的一種。而如果我們回首過去的那些商業模式，有許多曾風靡一時、備受推崇的理念早早就已經過時了。但是，有一種理念卻能夠永保青春，那就是 —— 以消費者為中心，持續為消費者製造價值，就像「百年老店」更為注重的是品質以及人文關懷。因此，傳統行業更需要憑藉「尊重顧客價值導向」這把鑰匙來開啟網際網路行銷！

填補客戶價值網上的「空白」

銷售場景：

2014 年 2 月初，小陳在一位大老闆的支持下，順利完成了第七輪融資，可是他的電商網站卻並未能夠在遭遇重重創傷後浴火重生。

2014 年 7 月，小陳將旗下的物流公司賣掉，為電商網站進一步「瘦身」。

但是，本來有著廣泛群眾基礎的網站，在遭遇危機後，為何卻就此一蹶不振了？

不可否認，網站創立之初頗具「石破驚天」的架勢。比如，一套令網友爭相模仿的風格廣告，再加上知名藝人的明星效應，可謂相得益彰。

當時的網站憑藉精準行銷和定位，迅速在市場上獲得了一席之地，甚至引發了大批粉絲的非理性或圍觀式購物。引燃流行後，網站的產品開始快速更迭，從 T 恤、襯衫到帆布鞋不停更新，信心滿滿地向著 100 億元的目標全力衝刺。

或許是由於「急功近利」，網站不僅 100 億的目標沒有達到，還陷入了發展危機。

網際網路時代的客戶需求不是單一的

一味迎合網際網路思維，沉迷於快速疊代的做法，漸漸讓電商網站迷失了自己的方向，最終導致其定位不清晰，策略決策搖擺不定。為了達到破百億的目標，網站在規模和產業鏈上也走入歧途，員工規模和業務等方面的無限度擴張，使其背負的壓力越加沉重，而網站最大的敗筆在於其忽視了消費者需求和產品價值。

網站多年前之所以能夠一夜爆紅，是因為消費者認同該網站及其價值觀。並且，當時的網站在品牌塑造上也有很多可圈可點之處。

令人惋惜的是，網站原有的價值觀被產品的快速疊代稀釋掉了。而與此同時，使用消費者以同樣快速的腳步對網站表達了不滿。

在網際網路時代，哪怕小到一臺電視，客戶的需求也不是單一的，因此，產品的價值也不應當是單一的。除了資本擴張，企業首先應以消費者利益為先，深入挖掘真實需求，建立起一張圍繞自己和客戶之間的價值網。

【不銷有謀法則】

法則 1：價值提升，消費者為先

傳統企業如果丟掉最基本的價值（企業價值、產品價值、消費者價值）去追趕潮流，即使其模式看起來多麼光彩奪人，於企業而言都只會是空歡喜一場。

產品的價值立足點在於消費者，只有消費者的需求得到滿足，或是消費者透過產品可以獲得有形或無形的「好處」，他們才會心甘情願掏錢去購買產品。

消費者的付出可能是有形的，比如付款購買產品；也可能是無形的，比如幫你傳播、樹立口碑和品牌形象。無論是哪一種，這些有價值的消費者群體都會為你帶來源源不斷的利潤。

法則 2：重新分析機會與實力

透過消費者的真實評價與回饋，以價值為基礎，重新分析自己的產品在網際網路中的哪些方面能夠占據優勢，哪些方面處於下風。一定要打破以往傳統銷售模式中過於簡單和主觀的自我評價機制，編織填補客戶價值網上的一切「空白」，從而為自己贏得更多的機會和可能。

法則 3：增加產品的附加價值

商品的售價再高都有限度，但價值卻沒有限度，所以為商品增添附加價值就能獲得更高的利潤。怎樣才能做到這一點呢？那就是要在銷售過程中獲取有效資源並加以整合，賦予產品更多的價值。在產品的原有價值的基礎上，透過生產過程中的有效勞動新創造的價值，即附加在產品原有價值上的新價值。這裡講的附加價值，是指由於產品創造並滿足了客戶更高層次的需求而使企業獲得的超額回報。消費者為得到產品和服務而付出的價錢與企業為產品付出的成本之間的差值就是附加價值。差值越大，企業獲得的附加價值就越高。創造附加價值就是讓顧客感覺到更高的價值而付出更高的價格。對企業而言，高附加價值的產品，是指「投入少、產出高」的產品，其技術內容、品牌價值等，比一般產品要高出很多，因而市場升值幅度大，獲利高。

深度挖掘顧客價值收穫口碑

銷售場景：

2011 年 3 月 15 日，一個電視節目曝光了兩個潛藏於團購行業的亂象。

其一，大量消費者以 100 元多一點的價格在某團購平臺團購了一款隱形眼鏡（原價 200 多元）。可許多消費者在收貨之後發現，這款隱形眼鏡在該品牌的官方網站根本查詢不到產品序號。此時，這些消費者才驚醒 —— 自己買到了假貨。

其二，一位消費者在某團購網站上團購了一個去草莓園採摘草莓的名額。可是當他來到草莓園後發現，在一片狼藉的草莓園裡，已經沒有草莓可摘！氣憤的消費者隨即致電團購網站客服，提出希望退款的要求，不料客服卻告知他不能退款。對此，客服給出的解釋是：沒有草莓可摘，這是屬於草莓園的問題，而不是團購網站的問題，退款事宜需要與草莓園聯絡協商。

這種不愉快的團購體驗，想必將會在這些消費者心裡留下永遠無法抹滅的陰影！

在團購網站處於網際網路浪潮巔峰的階段，那些參加團購的商家往往忽略了一個最基本的原則 —— 顧客第一，而過於偏執團購低價本身。

不斷注入價值才能再創佳績

亞馬遜在幾乎沒有任何財團支持的情況下卻獲得了極大的成功，不僅在於它恰逢其會，趕上了顛覆性的網際網路時代，更加在於它近乎偏執地提升消費者體驗。就像美國作家葛洛夫（Andrew S. Grove）的著作《10倍速時代：唯偏執狂得以倖存》（*Only the Paranoid Survive*）一樣。正是這種近乎瘋狂的偏執，推動亞馬遜為消費者奉獻了更多、更好的體驗，且牢牢地加固了消費者黏度，也正是透過「創造、傳遞、獲取消費者價值」的不懈努力，使亞馬遜從一家毫不起眼的創業公司，最終成長為消費者體驗最好的網站之一。

在亞馬遜西雅圖總部的會議室，有這樣一條「規矩」，即無論有多少人參加會議，會議室中都會空出一張椅子，而這並非什麼「奇觀」，亞馬遜集團董事會主席兼CEO貝佐斯（Jeff Bezos）說：「空椅子其實象徵著一種理念，那就是，在會議中，最重要的人並不在場，他就是消費者。」

在挖掘消費者價值領域，亞馬遜絕對稱得上是導師級別。一位企業家也曾主張學習亞馬遜：「我們要向Amazon學習，他們虧了十年的錢，但是他們目光長遠，從點滴實事做起，始終堅持真誠幫助每一個客戶，最後，大家發現它已經是世界上最大的零售商時，沒有人能追上它，因為它有最大、最忠實的客戶群，沒人能搶得走，只有這樣對待你的客戶，才能獲得真正長遠的收益，只要客戶真的認可你了，你就一定能成功。」

價值銷售是指把消費者的注意力由商品的價格轉移到商品的價值上，透過向消費者提供有價值的產品或服務的一連串「價值創造運動」而達成銷售目的的銷售方式。

因此，你只有不斷地向自己的產品或服務注入新的價值，才能夠在網際網路競爭浪潮中獲得佳績。

【不銷有謀法則】

法則 1：做好品質管制

品牌信任才是企業真正贏得市場的根本所在，而品牌信任累積的方式無外乎是極佳的產品品質及適當的品牌傳播。老話講「酒香不怕巷子深」，而來到網際網路時代，再香的酒也怕被在網路上被「黑」，網際網路資訊傳播的速度之快與強大影響力，絕非傳統企業採用過去的危機公關的方式所能抵禦的，甚至一些不恰當的處理方式可能會為任何一家老牌企業招致滅頂之災，也可能導致原本的小問題被迅速放大，最終引發大的「地震」。

如今，隨著企業經營管理全方位地不斷深化發展，與 20 年前相比已差異懸殊，20 年前產品出現品質問題，主要原因是管理跟不上、不到位。處於全球化生產以及產品同質化日趨嚴重的今天，如果企業的價值觀不出現問題，產品很難出現大面積的品質問題。因此，任何目標在於做好品牌的企業都必須嚴格堅持正確的經營管理價值觀，絕不能目光短淺，貪圖一時之利。曾經的一些新聞事件，都是企業的經營管理價值觀出現了問題，在利益的誘惑下，放棄了品質和道德。

法則 2：開發更多價值

傳統的銷售模式，更加注重銷售者說服客戶，進而讓消費者認同自己所提供的產品或服務是最優秀、最全面的。

然而，產品和服務的內在價值是相對固定的，不可能被無限提高。如今，僅僅依靠產品和固化的服務來發掘客戶價值顯然是不夠的。在網際網路時代，你需要用具備更高價值的方案來拓展和開發客戶的期望，以此達成發掘客戶價值的目的。例如，作為供貨商的行銷顧問，你可以為客戶制定降低庫存或是減少開銷的詳細方案，為客戶製造更多的驚喜，使其願意回報你更多的價值；或是幫助客戶制定品質標準、加強經營管控等方案，進而獲得他們更多的好評等等。

第六章　需求邏輯：滿足消費者需求的場景設計

人人都有自己的判斷力，不要無視顧客潛在需求

「互聯網＋」時代，資訊呈爆炸式成長，且更加公開、透明。每天即時發生的新聞，消費者對某個企業、某個品牌的評價，企業的負面報導等等，都不再是「隱藏的小丑」，而是即時報導，呈現在公眾面前。顧客很容易透過各種網路通路獲得企業、品牌相關資訊，每個人也都有自己的判斷力，知道自己更需要什麼。

對此，企業也要把目光放長遠些，要賺就賺未來的錢。

很多精明的企業領導者都深刻意識到了這一點。但如何做才是真正的目光長遠，怎樣才能賺未來的錢呢？一切在於經營者的思維，在於是不是能夠抵得住現實的誘惑，是否真正地將目光放在顧客族群上，去挖掘顧客潛在的需求，滿足他們尚未滿足的需求。這才是銷售的根本。

銷售場景：

有一家汽車經銷商，一個顧客來到店裡找到客服部，向客服人員表示他買的車輛倒車顯影有問題，要求退款。

客服人員很熱情，耐心地與顧客溝通，銷售部門答應再向顧客提供幾項優惠，顧客不接受，問題不能妥善解決；同時發現顧客對倒車警示的需求是存在的。

最後，客服部聯絡裝飾業務部門進行產品更換處理。

由於顧客車輛配置較低，一時無可搭配的產品，這家經銷商發動全員力量，經多方找尋，終於找到合適的產品，解決了顧客的不滿，並且幫助顧客挖掘了新的需求，讓顧客滿意而歸。

在銷售中，顧客無論是購買產品，還是尋求服務，一旦顧客邁進公司，說明顧客有這方面的需求，而我們要做的就是充分獲取顧客需求，為顧客提供一個良好的解決方案，讓顧客滿意，而不是把設計好的產品和服務，用績效的方式強壓著銷售者去推薦給顧客。

不要臆斷顧客的需求，否則顧客終究會離去

千萬不要以為顧客前來光顧是因為他們已經知道了自己需要什麼，或是知道自己該怎麼做。實質上他們希望聽取你的建議，希望專業人士能夠幫助他解決問題，因此，我們在與顧客見面，挖掘其需求前，要先知道顧客面臨著哪些問

題，有哪些因素困擾著他。若能以關切的態度站在顧客的立場表達你的關心，讓顧客感受到你願意與他共同解決問題，顧客必定會對你立刻產生好感。

其實，顧客購買電子書除了省錢、省空間之外，還可能急於更多的困難，比如，節約逛書店時間、時尚新穎、閱讀過程中無須翻頁的快樂、便於攜帶、掌控孩子閱讀內容等等，這些需求，顧客自己並不知道，只有透過正確全面地引導，才能挖掘更多潛在的需求。

只有當我們知道顧客的真實需求後，才能迅速快捷地解決問題，並且讓顧客把你當成自己人。然而令人遺憾的是，現實中有許多人卻沒有注意到這一點。我們是否真正了解顧客的需求呢？這是一個足夠現實的問題。如果只是一味沉溺在主觀臆斷中，那麼顧客終究會離去。

【不銷有謀法則】

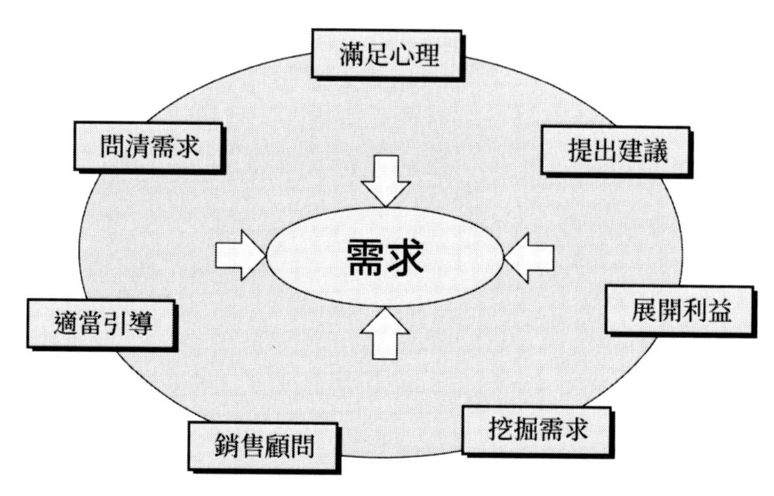

圖：挖掘顧客潛在需求的法則

法則 1：問清楚顧客的需求

全面地了解顧客的需求包括：對價格的接受程度、對售後服務的特殊需求、對產品附加價值的請求等等，這些需求只有被銷售者充分獲知之後，才能傳遞給生產層面，從而勾勒出具體的產品形象，以便實現銷售目的。

法則 2：適當引導顧客思考

當銷售者明確顧客需求後，是否需要立刻向顧客介紹其可訂製的產品？當顧客剛剛開始了解產品時，他們對自身的需求還不是很明確，如果此時急於告訴他們可以根據訂製來生產產品，將難以發揮吸引對方、引起充分驚喜的效果。銷售者在這個階段中需要做出的是耐心啟發和等待，然後找到顧客最容易觸動的時間點，透過向他提出問題、尋求答案，引導顧客主動思考發現自己的真實需求。

法則 3：把自己當銷售顧問

成功的銷售者更願意做顧客的顧問，透過了解顧客需求背後的真正原因。在顧客購買時，也會給予顧客非常實用的建議，還會上門幫顧客測量、設計等，幫助顧客解決遇到的一些問題並完成未來生活的規畫。

以銷售建材為例，一般的銷售者，或者把自己的產品吹得天花亂墜，或者實事求是地介紹自己的產品，而懂得重視顧客需求的銷售者會怎麼做呢？我們來看看成熟的銷售者應該怎麼說：

「房子所在樓層高，光線好，您應該使用非亮光面產品。」

「如果家裡光線不是很好的話，還是選擇淺一點的地板顏色更好，而且也更容易搭配家具。」

「您的戶型有兩個廁所，大廁所可以選擇簡潔、大方、不花俏的瓷磚，小廁所可以選擇個性化、圖案溫馨的瓷磚。」

所謂顧問，就是站在顧客的角度充當購買導師，也就是把自己當作顧客，或者從朋友立場出發為顧客介紹產品、選擇產品，甚至對同行產品的優缺點也一併介紹，把選擇權、決定權完全交給對方。簡單地說，要成為顧客的銷售顧問，就要求銷售者站在顧客的立場上看問題，明白自己銷售的不是一種產品，而是一種解決方案。在銷售過程中，銷售者要成為能令顧客信賴的專家和顧問，能夠滿足顧客的個性化需求。

❒ 法則 4：最大限度挖掘需求

通常情況下，顧客在消費的時候心理比較脆弱，特別是在對自己的需求、對你的產品不了解，或缺少採購經驗、或購買價格較高的商品的時候，顧客會擔心產品品質沒有預期的好，或擔心買貴了，或擔心受騙上當。這個時候，銷售者要及時地理解、幫助顧客，站在對方的立場，體諒到顧客的心理，再幫助他挖掘潛在的需求，分析和決定，做顧客購買該產品的參謀和顧問。在顧客遇到難題的時候，幫助其有效地進行解決，讓對方在獲得實惠和方便的同時也獲得豐厚的情感收入。只有這樣，銷售者才能最大限度地挖掘顧客的潛在需求，增加自身銷售的機會，同時讓顧客產生好的購後行為，促進彼此的長期合作。

❒ 法則 5：需求圍繞利益展開

在競爭激烈的市場環境中，顧客的地位越來越高，顧客需要的服務也越來越專業。在顧客勢力不斷崛起的時代，要想追求業績的高效成長，最好的途徑已經不再是追求更高明的行銷手法，而是要學習成為顧客利益的維護者，進而持續維持顧客對你的信賴，讓你成為顧客的最佳和唯一選擇。唯有如此，才能具有強烈的競爭力，才能夠讓顧客情有獨鍾地消費、購買你的產品，接受你的服務。銷售已經不是簡單地對顧客進行推薦和說服，把固有的產品推銷給顧客，更多是從顧客的利益角度出發，根據其具體的需求，為他們提供真正優質、實惠、滿意的商品和服務。

法則 6：提出更好更妙建議

消費者在進行消費的時候，內心必然會產生一種更高的期待，而銷售者要善於發現並去滿足顧客的這種期待，幫助顧客更好地滿足他們的心理需求。一個有專業知識和專業視角的銷售高手必須擁有敏銳的眼光和獨到的見識，能根據顧客的需求提出更好更妙的建議，帶給顧客高人一籌的感覺，不能人云亦云，使建議沒有獨到和高明之處，那樣會讓顧客感到失望。

法則 7：帶來更多心理滿足

我們必須相信這樣的現實：沒有多少人喜歡閱讀沉悶的產品說明手冊，或是面對那些冷冰冰的裝置。於是，我們看到，蘋果的網站經過重新設計後，其版式、感覺及元素都與蘋果作業系統有異曲同工之處。蘋果品牌的競爭力之所以技壓群雄，是因為它在重視人們需求的同時，帶給了顧客更多的愉悅體驗。

顧客購買商品和服務，有時不僅是需要商品本身，更多的是希望透過購買商品和服務得到解決問題的方式和愉快的感覺。從這個意義上來說，顧客真正需要的不只是商品，更是一種心理滿足。

結合不同應用場景，
滿足顧客個性化的真實需求

企業要想獲得合理的利潤，就必須深入了解顧客的真實需求，並開發滿足顧客真實需求的產品。

例如，福特汽車[08]曾以其標準線及輸送帶式的生產而雄霸一時。但隨著消費者的需求轉為多樣化的時候，福特公司仍保持其標準車的生產。而通用汽車[09]公司則因及時了解到市場需求的變化，在汽車市場上獲得領先地位。後來，消費者的需求轉為偏愛小汽車，而通用汽車卻仍持續生產大型車，汽車市場漸漸被福斯汽車與日本汽車公司所瓜分。再後來，顧客開始重視汽車的品質，而由於日本車的品質領先美國車，使得美國汽車市場成為日本汽車公司的天下。

[08] 福特汽車，英文 Ford，是世界著名的汽車品牌，為美國福特汽車公司（Ford Motor Company）旗下的眾多品牌之一，公司及品牌名「福特」源自於創始人亨利．福特（Henry Ford）的姓氏。

[09] 通用汽車：公司簡稱GM，成立於1908年9月16日，自從威廉．杜蘭特（William C. Durant）建立了美國通用汽車公司以來，通用汽車在全球生產和銷售包括雪佛蘭、別克、GMC、凱迪拉克、霍頓以及吉優等一系列品牌車型並提供服務。

足見，結合不同的應用場景，滿足顧客真實需求是多麼重要！

銷售場景1：

許多年前，一個十五、六歲的小小少年凱瑞讓我留下了深刻的印象，凱瑞在一個海洋館做小工，同時也做點小生意。海洋館一開門，趁觀眾入場的機會，他在門口擺上廉價的花生。「又香又脆的花生米，來一包吧！」凱瑞的叫賣聲吸引了很多觀眾，人們一進大門，就順便買包花生米，然後進場看表演。過了一會，凱瑞猜想那些吃了花生米的觀眾差不多該口乾舌燥了，就進場去銷售檸檬水，檸檬水也很快就銷售一空。這樣一個月下來，他一個小工的收入比海洋館的正式員工還多好幾倍呢！

凱瑞之所以能賺那麼多錢，答案很簡單：他銷售花生米、檸檬水的活動，完全是從顧客的需求出發的。唯有採取這樣的賣法，產品才容易賣出去。

事實上大部分購買行為的發生，並不僅只是因為產品價格或產品品質，每一個人購買目的都是為了滿足其背後的某些需求。在銷售中，我們要學會應用馬斯洛（Abraham Maslow）的「需求層次論」，了解準顧客的真正需求。一項成功的銷售活動，必須滿足準顧客的某種或多種個性化需求，才能促使其產生購買行為。

銷售場景2：

一家公司的老闆驚訝地發現，他的一位售貨員小楊當天居然賣了上萬元的東西，於是把他叫去問個明白。

「是這樣的，」小楊解釋道，「一個男人進店裡來買東西，我先賣給他一個小號的魚鉤。接著告訴他小號魚鉤能釣到小魚，卻釣不到大魚，於是他又買了大號的魚鉤。接著我又提醒他，要是讓不大不小的魚全跑了，也挺可惜的。於是，他又買了中號的魚鉤。然後我向他推薦各種型號的漁線，他一股腦全買了。接下來，我又問他打算去哪裡釣魚，他說去海邊，於是我建議他租一艘船，把他帶到租船的店，租給他一艘雙引擎的帆船。他說他的車拖不動這麼大的船，於是我又帶他到汽車銷售區，買了一輛豐田新款的豪華型 Land Cruiser。」

老闆瞪大眼睛盯著小楊，問道：「一位顧客來買魚鉤，你就能一下子賣給他這麼多東西？」

「他可不是來買魚鉤的，」售貨員驕傲地答道，「而是來幫妻子買衛生棉的。我就對他說：『你的週末算是毀了，幹嘛不去釣魚呢？』」

在這則看似誇張的故事中，其實含有深刻的銷售之道，那就是：準顧客的真實需求往往需要靠銷售者去發掘和滿足。銷售者的作用之一，就是幫助顧客發掘他們自己都沒有意識到的真實需求，並把這種需求上升為慾望，誘導準顧客產生購買的衝動，從而順利達成銷售目標！

滿足真實需求是打動顧客、引導消費的前提

只有弄清楚顧客的真實需求，才能想辦法打動顧客，引導顧客消費。一般來說，顧客購買行為大致因為以下幾種需求：

表：顧客購買行為的幾種常見需求

顧客購買行為的幾種常見需求	
需求	分析
好奇需求	許多顧客對一些造型奇特、新穎的商品，以及剛投入市場的新式產品和服務活動，會產生濃厚的興趣，希望馬上能夠購買和使用。
便利需求	顧客普遍要求在購買商品時享受到熱情周到的服務，要求合適的購買時機和購買方式，得到攜帶、使用、維修及保養等方面的便利。
求實需求	這一類顧客在選擇廠家和購買商品時，比較注重是否經濟實惠、物美價廉。尤其是他們對產品價格的變化十分敏感。
愛美需求	俗話說，愛美之心，人皆有之。說的便是顧客追求美的消費心理需求。隨著社會文明的不斷進步和大眾生活水準的不斷提高，人們的審美需求也隨之提高。
從眾需求	這是一種趕時髦、緊跟時代潮流的心理需求。在現代社會中，人們受社會輿論、風俗習慣、流行時尚的引導，所見所聞都對他們的需求觸動很大，致使一般的顧客都會迎合時尚。
特殊需求	有這種心理的顧客大都希望自己在判斷能力、知識層次、經濟地位、價值觀念等方面高於他人，獨樹一幟。

美國企業家玫琳凱（Mary Kay）說:「企業不再是賣產品，而是賣別人的需求。」

企業發現了顧客的真實需求，就等於成功了一半；企業滿足了顧客的真實需求，便能獲得圓滿成功。

【不銷有謀法則】

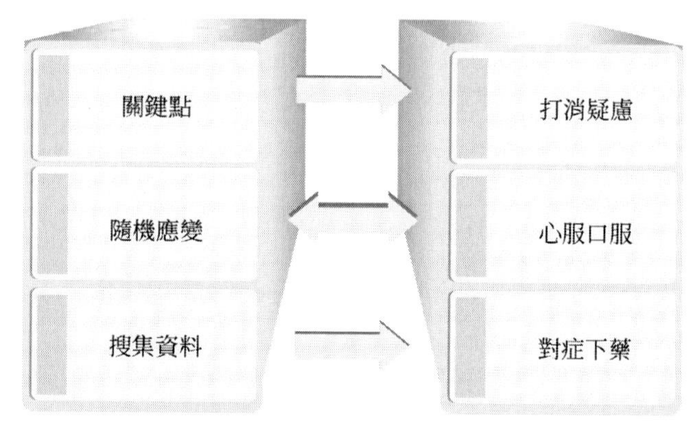

圖：發現真實需求的法則

法則 1：說明關鍵點

產品能夠滿足顧客的真實需求，是激起顧客需求的物質基礎，說明產品使用價值能滿足顧客的需求。如果能證明產品可以滿足顧客最主要、最迫切的需求，也就能激起顧客的需求。

法則 2：打消疑慮

當顧客對企業的產品發生興趣後，然後就會在是否應該擁有這個產品問題上進一步思考。一方面顧客可能覺得產品不錯，自己也需要；另一方面又可能充滿疑慮，患得患失。對於滿足同一需求的方式，顧客的選擇是多種多樣的。他既可以購買，又可以租賃、借用。當然，顧客還可能會害怕上當受騙。如果我們不能消除顧客的顧慮，不能去掉顧客對產品的的消極心態，不能強化顧客對產品的積極心態，不能堅定顧客的方式選擇，也就不能激起顧客對產品的需求。

▢ 法則 3：隨機應變

不同的顧客有不同的需求，有不同的慾望，有不同的擔憂與疑慮。因此，不能用千篇一律的方法激發所有顧客的需求。在別的地方與別的顧客身上行之有效的說理方法和情感激發手法，用到此時此地的顧客身上卻未必見效。我們平時必須準備好很多理由與方式，然後因時、因地、因人運用，做到隨機應變。

▢ 法則 4：心服口服

要說服顧客，激起顧客的購買需求，我們必須依據足夠的證據、符合邏輯的推理、令人感動的氣氛、讓人相信的事實，從而使所銷售的產品在顧客心目中樹立起真實的、具有權威性的形象。只有這樣，才可以令顧客口服心也服地購買。

▢ 法則 5：搜集資料

銷售者透過搜集足夠的顧客資料，可以更好地為顧客進行客製化的銷售，這些資料主要應該反映顧客的需求特點、喜好區別，比如，顧客的需求大小、產品用途、提供方向、緊迫程度等等。透過向顧客提出有效詢問，從而得到自己想要的資料，建立成更加全面充分的資料庫，並將其運用到之後的訂製銷售過程中。

法則 6：對症下藥

對於不同的產品來說，存在各自不同的訂製銷售方法和通路，銷售者應該能夠掌握住自身產品的特點，從而將更多個性化的產品可提供給有需求的顧客。比如，對於較為貼近顧客個人生活的產品，銷售者應該注重開發其本身存在的附加價值如顏色、款式、區分度等等，來表現出其與眾不同之處。而對於較為貼近顧客企業生產的產品，則應該多從功能、價值、效率等方面來表現其個性化的特點。總之，對產品特點的觀察程度，往往決定了銷售的結果。

別只做 APP，打造行動網路時代的場景新生態

今天，幾乎所有傳統企業都在某種程度上受到了網際網路的威脅，紛紛投入資金要擁抱網際網路。

我遇到過不少企業人：

「老師，我是做餐飲的，現在正在籌備期，我打算進軍網際網路，弄一個 APP，您快告訴我怎麼做？」

誰說擁抱「互聯網＋」就是做一個 APP ？

想網際網路化，與其想著做個 APP，不如多花點時間打造

行動網路時代的場景新生態，讓你的銷售場景變得豐富起來。

總之，千萬不要跟風做 APP，而是要利用 APP 思維設計你的銷售場景。

銷售場景：

一次，我曾與幾個朋友去一家粵菜餐廳吃飯。

在等菜的過程中，我意識到一個問題：

餐廳好不容易將顧客吸引進來，結果只是吃頓飯就走了，這無疑是在浪費流量。

如果這家餐廳能像設計一個 APP 一樣，重新打造餐廳的場景，會是什麼效果？

例如：

1. 為飯菜加入內容

譬如一道簡單的避風塘炒蟹，其中有什麼故事、採用什麼原料，為什麼不讓顧客掃描 QR Code 看一看？

2. 替等候區設計幾臺智慧型攝影機

設定成直播模式，讓顧客開啟手機，就能看到後廚師傅正在做什麼菜。

3. 替餐廳加入互動

在上菜的碟子加入 QR Code，讓顧客透過掃描 QR Code 了解菜品是哪個大廚做的。同時了解大廚的故事、照片，順便加大廚社群帳號，形成互動。

4. 為服務投票評分

引導顧客登入餐廳官網頁面，讓其對服務生的各個方面進行投票評分，票數或分數最高的服務生可獲得相應獎勵，如此一來，服務生才會更有動力和熱情。

5. 把餐廳變為社交場所

讓顧客掃描桌子上的 QR Code，使其認識之前在這個桌子上吃飯的人，透過留言形成互動。

6. 替菜餚加入遊戲

透過線上遊戲的方式，獎勵消費者一定菜品，並使其掃描 QR Code，邀請社群好友幫忙付款，實現遠端請客。

思緒不斷飄飛，突然菜來了。

我相信，藉助網際網路，其實傳統銷售還可以有更多玩法……

可見，餐廳可以不只是個餐廳，完全可以打造成不同的「場景」，在這個場景內，人們可以玩遊戲、秀自己、社交、分享觀點等等。

☐ 初階銷售設計產品，高階大師設計場景

許多傳統企業和銷售者仍然不理解，其思維還停留在「流量經濟」時代，認為只要顧客數量上升就可以了。

對他們而言，餐廳只是一個餐廳，汽水只是一瓶汽水，他們的行銷任務不過是讓更多的人知道這個餐廳裡有一瓶這樣的汽水。

那麼銷售者應該如何精心設計一個場景，讓它內容更加豐富呢？

【不銷有謀法則】

法則 1：有內容

幾乎所有我們見過的 APP 都有內容，而不僅僅是空洞沒用的功能。

例如，你在健身 APP 上不僅可以根據指導進行健身，還可以看到其他使用者的健身成果，這樣才能真切感受到健身的益處，激發健身的熱情。

同樣，在設計線下場景時，就要參考這一思維，讓產品不僅僅是產品本身，而賦予其更多內容。

法則 2：有遊戲

APP 的互動遊戲層出不窮。你線上下的場景中也應該設計更多的遊戲，以此來吸引消費者參與其中，在豐富你的場景同時，讓消費者「嗨起來」。

法則 3：有合作

APP 經常會引入各種跨界合作。

例如，專注為女性生理期提供服務的 APP，就採取了與相關產品合作的方式，成功塑造了不同的場景，引起廣大女性的思考與注意。

法則 4：有社交

既然要像設計 APP 一樣打造線下場景，社交功能必不可少。你需要為場景加入各式各樣的社交屬性。

例如，航空業競爭激烈，乘客坐飛機本身就是一個場景，何不透過加入社交功能，豐富場景，鼓勵乘客參與。

法則 5：有分享

網際網路時代的一大特徵就是開放，身處其中的消費者喜歡分享，而且尤其喜歡透過分享獲得一時的出名機會。所以不如把這個消費者需求也納入到線下場景中。

法則 6：有回饋

透過回饋你才能根據消費者的建議去升級產品。

例如，偶像會按照粉絲的建議去修改髮型；偶像組合成員在是否單飛等重大問題上，都會讓粉絲投票，參考粉絲的意見，以表示對粉絲的尊重。

第七章　市場邏輯：市場主動出擊的策略

占有率不是唯一目標，讓自己穩健地奔跑

在伊斯蘭教的教典中，有這樣一個故事：

有一次，教主穆罕默德（Muhammad）指著遠處的山對自己的教徒說：「我只要唸幾句咒語，這座山就會移到我面前來。」

教徒都不相信，穆罕默德便開始唸唸有詞起來。

結果山動都不動地還在原地。

穆罕默德覺得出醜了，就跑到山跟前。然後對著教徒們說：「山不來就我，我便去就山。」

這句話的意思是，如果對方不能主動迎合自己的想法，那你就主動去迎合對方的想法。

同理，網際網路時代，大魚吃小魚，快魚吃慢魚。若沒有市場、沒有顧客，你就要主動出擊去尋找，而不是一味地等待。

對於企業而言，搶占市場占有率無疑是重要一環。

市場占有率是指企業的銷售量（或銷售額）在市場同類產

品中所占的比重，它代表產品在市場上所占比例，也就是企業對市場的控制能力。

對此，越來越多的企業歡呼要擁抱變化，用網際網路武裝自己，要做新市場環境下的弄潮兒。很多人只顧著一味地追逐市場占有率，結果不幸成了先烈。

打破原有僵化思想，你才能穩健地奔跑

在「互聯網＋」時代市場環境中，企業要想獲得更高的利潤，就必須深入剖析網際網路時代的特徵，打破原有僵化的行銷思想、落後的模式和方法，不斷創新行銷思維與模式、方法，用低成本、高效率為客戶提供更多價值，更多高 CP 值、高附加價值的產品或服務，重新去挖掘出潛在的龐大市場與商機。

例如，面對顧客，將產品價格轉化為產品價值，賦予產品與服務更多的內涵，不斷強化與消費者的關係，培養粉絲，透過口碑進行品牌傳播等等，不斷擴大市場，進而提升銷量。

銷售場景：

一家乳製品企業就是個例子。據我所知，2015 年年初，該公司在某城市成立了辦事處。由於迅速成長與擴張的需求，該公司員工從過去的 80 多人，增加到現在的 500 人左右。可該公司從未對員工進行過培訓，在市場擴張期間，由於管理不當，員工操作失誤，市場部出現了這樣那樣的問

題，市場占有率逐漸下滑。可見，對於企業來說，安全營利是第一位的，發展是第二位。一味地擴張、搶占市場占有率並非就是好事。

如今，有太多企業為了搶占市場占有率，對我們所處的網際網路時代抱有僥倖心理，急功近利。甚至燒錢買流量、擴大銷售規模來刺激市場，但是，任何一個健康市場的拓展大致都要經歷三個階段：資本累積階段，品牌營運階段，資本擴張階段。企業的轉型也應遵循這樣一個發展規律，使市場發展與管理水準同步，否則。否則就如同巨人的身材卻長著侏儒的四肢，難以穩健地奔跑。

許多企業之所以很難駕馭新環境下的市場。主要表現在以下幾個方面：

表：企業難以駕馭市場的因素

企業難以駕馭市場的因素	
因素	分析
資源不足，儲備不夠	不少企業在發展過程中，由於資金等各方面條件限制，很難像大企業那樣瘋狂投入，打開品牌知名度，吸引市場投資者注意
品牌產品難以對應市場需求	很多時候,企業在沒有摸透網際網路時代的發展規律前,自己難以生產出完全符合市場需求的產品,若直接賣給其它投資商,如今市場越來越泛濫,被做濫的產品客戶未必買單。
不懂管理，急功近利	很多企業的銷售者都是做一錘子買賣。靠著自有品牌短期內圈錢，缺少長遠規畫。
市場擴張名不副實	不少企業擴張勁頭十足，管理起來卻不易。善於「打江山」不善於「坐江山」是現代企業的通病。即使有再多的「江山」在他們手中也成了「斷了線的風箏」，折戟沉沙。

【不銷有謀法則】

法則 1：市場占有率的兩個要素：數量與品質

大多數企業在擴張時，首先想到的是搶占市場占有率，追求數量就好，而忽視了品質。

實際上，市場占有率的大小只是市場占有率在數量方面的特徵，而市場占有率的品質卻是對占有率優劣情況的真實反映。

顧名思義，品質就是指市場占有率的價值，是你搶占到的占有率能帶來利潤的總和。市場中，客戶的滿意度越高、忠誠度越高，市場占有率的品質就越好，反之就很差。

由於市場占有率數量和品質反映的角度不同，二者究竟孰輕孰重沒有太大的關係。但在特定時期內，比如企業面臨的轉型期，那麼就必須結合當前的行業競爭格局和產品壽命週期，具體問題具體分析。

法則 2：並非市場占有率越大，利潤就越多

不少企業錯誤地以為，市場占有率數量越大，獲利能力將越強，但事實上並非如此。很多企業在辛辛苦苦一番擴張後才發現，盈利非但未見增加，反而在不斷減少。這是因為擴張的過程中，成本也隨之上升了。稍有馬虎，最終的利潤就會受影響。

事實上，企業是否盈利，不僅取決於市場大小，還包括市場的品質、競爭的激烈程度、管理水準等等。

那麼，市場占有率在不斷下降，難道企業就要眼睜睜看著什麼都不做？

當然不是，所在行業銷量銳減往往說明市場的總需求在下滑，行業有所衰退，市場沒有太大的開發價值。對此，你的選擇可以是：維持現狀、順勢而為、加速收割、適時放棄。

更重要的是，企業人應該擺正心態，正確看待市場，由盲目擴張轉型為精準發展，追求「適度的市場占有率」就好。每一處擴張都需要企業付出相應多的資源，市場占有率越大，所需的資源就越多。所以，不要在還沒想清楚前就盲目出發，不惜掏空自己的資源擴張市場，小心賠了夫人又折兵。

遵守新市場競爭秩序，夾縫中也能生存

「低頭拉車」的同時，你是否忘了「抬頭看路」？

當前，網際網路經濟正處於發展中，可以說企業的生存環境有些混亂，大亨為所欲為，技術流氓興風作浪，大批創業者無處安身。

即使掘金機會也不少，但很多中小企業的市場行為尚無規範，缺乏明確的銷售理念和發展策略，只顧「低頭拉車」，

沒有「抬頭看路」的意識。

雖然也有一部分人開始意識到，要在激烈的市場競爭中找到自己安身立命之地，就必須發揮獨有的競爭優勢，想要做「專」、做「精」，做「優」、做「強」、做出「特色」。

理想豐滿，現實骨感。

大部分的企業還是無法在短時間內打破產品同質化、創新思維同質化、市場意識同質化的僵局，難以用長遠的策略規畫來實現市場的差異化競爭。更有甚者，開始無視變化的市場環境帶來的問題。

表：許多企業無視變化的市場環境帶來的新問題

許多企業無視變化的市場環境帶來的新問題	
問題	分析
失去原有市場優勢	新的市場格局令大大小小的競爭群體（企業）湧入同一片市場——網路+大環境，與你共享豐富的資源。你原有的優勢自然會削弱。
市場細分不到位	很多企業開始尋找市場差異化的突破點，開闢新的細分市場。然而尋求差異化的方法卻不科學。僅僅糾結於理論和概念上，細分市場的結果並不樂觀。中小企業本身「船小好調頭」，卻因為沒有深入了解市場，量身訂製便突擊進攻，導致市場劃分並不合理，開發了過多的產品線，結構相當複雜。
新問題層出不窮	在新環境下，企業本身產品單一的弱勢變得更為明顯，即便是投放優勢產品參與市場競爭，仍會遇上生命週期或品質等各方面的障礙，被壓迫下可能迅速走向沒落。就算開始嘗試改變原來的市場規畫，轉型做頂級品牌的市場。但在實踐中難免會帶來更多無所適從的問題。如由於自身能力不足，產品優化能力弱，組合單一等等。

面對新的市場環境，既不能過於樂觀，也沒必要太過悲觀。

隨著網際網路市場的日益成熟和形成規範，儘管許多地方有待改進，但也並不是沒有希望。在網際網路時代的市場競爭中，每個企業都要基於網際網路背景，尋找自己的方式去維護和建設市場，找到專屬於你特有的別人無法取代的方式、行為，促進市場開發與創新一體化，並根據不同市場區域的特殊個性，找到屬於自己具有差異性的利潤區域和生存空間。

【不銷有謀法則】

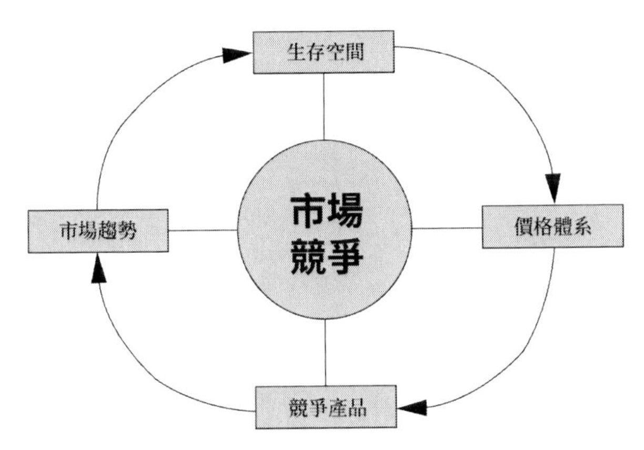

圖：新市場競爭法則的要素

法則 1：找到生存空間

短時間內，產品供大於求是企業難以改變的市場環境。未來幾年內，市場競爭還會不斷加劇。當一些企業無法繼續支撐而漸漸倒下時，我們也能發現，在遵守新競爭秩序的前提下，但凡能將產品做到極致的企業，更容易在市場的夾縫中找到生存空間，並成為一個行業的領跑者。

所謂極致，既是一種追求，也是一種思維。

有了極致思維的人，會在內心中形成一種自我驅動力，即在開始拓展市場之前，就會思考：用什麼方法我才能帶給市場最好的產品，到無人超越，做到自己能力的極限。一位 CEO 說得對，極致就是把自己逼瘋，把對手逼死。

當然，對產品和市場極致的追求只是人人都是希望看到的結果。若真要達到這一境界，企業必須將有限的市場資源聚焦在一個點上。

一位搜尋引擎公司的領導者說過：「跟業界同類企業相比的話，我們公司的業務其實是非常單一的。我們大概 90% 多的收入都來自中文搜尋。在資源的投入上，我們內部有個 721 的原則，70% 會投到網頁檢索這一塊，20% 會投到能夠幫助網頁檢索的相關檢索服務當中，只有 10% 的精力會投在搜尋業務以外的這些創新性的嘗試上。」

企業在培養極致思維時，切忌只知其一不知其二。就算你有了極致思維，也未必能順利打開市場局面。退一步講，你認為自己在某一塊市場發揮到了極致，你的客戶卻不一定買單。

即使你具備極致思維，擁有氣吞山河、天下無敵的豪情壯志，也不一定能夠做出極致的產品。退一步來說，你能夠做出自認為極致的產品，消費者卻不一定買單。

法則 2：洞見市場趨勢

網際網路時代，「大數據思維」盛行。這裡的「數據」不是你理解的簡單的阿拉伯數字，而是網際網路時代，一切資訊都可以資料化，打破了資訊不對稱性。

例如，各種團購網站的優惠資訊是資料化的服務，社群平臺是資料化的思想或觀念，購物網站上花花綠綠的服裝是資料化的產品等等。

大數據不僅能幫助企業提前掌握消費者資料，尋找到不同資料間的相配度和關係，進而第一時間洞察市場發展趨勢，有所針對地進行市場開發。還能透過對大數據的科學分析，令企業預見未來一段時間裡，哪片市場可能有商機，或者某一市場的消費者更傾向於選購哪些產品。根據這些資料，我們就可以提前布局，準備庫存，或者根據當前市場的銷售狀況來預測未來銷量，市場過冷或過熱的現象或許就會不復存在。

法則 3：掌控價格體系

市場拓得寬了、大了，就容易發生竄貨的問題。例如，你的競爭對手跨過自身涵蓋的銷售區域而進行的有意識的銷售就是竄貨。這是令每個企業都很棘手的問題。對此，企業人更應該主動出擊，不要指望別人替你解決所有問題。有時對方是你的朋友，有時也可能是你的敵人，過分依賴別人，突然有一天對方翻臉不認人，那時你就真的欲哭無淚了。所以，在新的競爭環境中，我們要有危機意識，隨時堅守已有領地的安全，才能不負眾望，成為風雨飄搖市場大潮中的掘金者。

法則4：開發競爭產品

世界上唯一不變的是無時無刻不在的變化。而人們總是對於新奇的事物倍感興趣，只要能設計開發出與眾不同的好產品，自然有消費者來買單。如果想要開發一個有競爭力的新產品，並不能只著眼於增加它的功能，而是要出奇致勝，在市場定位上獨闢蹊徑。正因如此，蘋果公司針對市場上多數都是複雜的企業級工具，果斷地做出了開發針對個人消費者的簡化版。正是這些創意思維，使蘋果公司擁有了不可複製的特色。

「互聯網＋」時代刺激活化市場不能靠僥倖心理

銷售場景：

王老闆有一家經營多年的食品企業。最近，他為了推陳出新，想要做新品。於是深入市場各地考察。

其中，一家生產即食食品廠家的負責人向王老闆推銷：

「王老闆，我們是專做即食食品的。產品品種包括即食粥、即食餛飩、即食飯三大系列，單品有幾十個。在國內做即食食品的，沒有哪一家廠家的產品品種有我們的齊全。我們的目標是在五年之內成為即食食品行業的領軍企業。」

王老闆看了看，說道：「即食餛飩、即食粥、即食飯倒是挺新穎的。怎麼食用呢？」

負責人解釋道：「這很簡單，加熱開水泡十分鐘就行了。現代人的生活節奏快，對即食食品的需求量越來越大。人們吃厭了泡麵，想換換口味。因此即食食品的市場一定很廣闊。」

王老闆：「剛才我嘗過你們的幾類產品，感覺口感滿普通的。沒有我們平時吃的好吃！」

負責人：「因為是即食產品，很難做到原汁原味。這需要市場引導，慢慢就會被消費者所接受的。」

王老闆：「還需要市場引導？那我做得豈不是很被動？況且，你的一碗餛飩要賣到六、七十元，也不到100克。到餛飩店裡吃上一大碗餛飩也就五、六十塊錢，量比你的多很多倍，還新鮮好吃。這樣的產品，怎麼可能有市場呢？」

負責人：「買即食餛飩的人，一是沒時間到餛飩店去吃，二是有時間也買不了，比如在火車上的乘客買我們的產品所追求的是方便快捷。再說我們還有速食麵，這個市場可是有上百億元的市場容量的。」

王老闆：「速食麵市場？如今網際網路市場的價格已經很透明了，就算你的產品能大量銷售，但是那些知名廠家做速食麵都快二十年了，市場上還能有我們一席之地？」

思來想去，王老闆都覺得這樣的產品沒辦法在市場中有所創新，既然行不通也沒比必要一味地追求創新。

於是，王老闆回去還是打算專心拓展原有的品牌市場。

如今，很多企業都在講創新，試圖在一片紅海中發現更多的藍海。

但創新的同時，往往也意味著自己將成為沙漠中的探險者，如果沒有充分的準備、勇氣和頭腦，就會成為他人的鋪路石。

即食粥、即食餛飩等商品將來能否打開廣闊的市場，目前還難以定論。但可以肯定，在當前的市場情形之下，被顧客認可的程度並不高（至少沒有速食麵被認可程度高）。就算將來市場打開了，真正收穫的未必是「第一個吃螃蟹的人」。一位企業家關於市場的經營理念是「甘為人後，後發制人」，說的就是這個道理。

❒ 征服市場不靠僥倖，創新有時也會被淘汰

現在市場中的新產品層出不窮。正所謂只有想不到的，沒有做不到的。但任何形式、內容、包裝等方面的創新，必

然應該與市場形勢相呼應。過於創新的產品，若沒有太強的爆發力和過人之處，相信很快就會被市場淘汰。

可見，未必所有的創新都有廣闊的市場空間。企業在看到創新帶來的好處同時，也要看見其中隱藏著的極大風險。並且要及時審視你的創新思維，是否建立在市場需求及文化背景之上。我們在市場中尋求創新之前，應當做全面的評估。與其站在市場裡找空間，不如打破時間、空間的局限，看一看未來。不然，為什麼每天都那麼多有志青年在創業、在創新，最後搶占市場高地的人卻那麼少。

創新當然是好事，但不能盲目地創新、一味地創新。要想真正刺激活化市場，不能存在僥倖心理。不要以為來一場「腦力激盪」會議，市場的訂單就會自動送上門！

【不銷有謀法則】

法則 1：看準市場需求

在一些大城市，不斷增加的市場需求，為企業提供了很大的商機。

然而，市場需求其實不在市場裡。別忘了市場是由消費者構成。市場需要什麼？代理什麼才有商機？問問你的消費者便知。

☐ 法則 2：重視市場定價

近幾年，隨著市場物價的普遍提升，很多經銷商依然保持著最初的定價。再怎麼創新也不能脫離市場而胡亂定價。一個再好的產品，對客戶而言也要物有所值。

☐ 法則 3：跳出已知空間

很多企業在市場開發初期，對市場的反應很迅速。但這種敏銳往往是一種直覺，或者說是錯覺。當企業發展到一定階段之後，更需要跳出已有的市場，保證企業對市場外部環境變化的結構性的反應速度。

第八章　溝通邏輯：網路並非讓人變冷漠，而是拉近距離

提升溝通的高度與深度沒有捷徑

銷售場景：

在沒有通訊軟體之前，人與人之間的溝通，或者透過電話簡訊或通訊來慰藉不能相見的遺憾，要麼就是面對面坐下來聊。但通訊軟體的出現，顛覆了人們的溝通習慣，從電話線兩頭的聲音變成鍵盤上敲出的文字或耳機中流淌出的聲音，從見面互留電話號碼變成互換通訊軟體帳號。人們已經開始習慣從現實空間搬遷到虛擬網路上。

有人說電子商務是 21 世紀的生產力與革命，它改變了消費者的思考方式和生活方式，創造了最有潛力也最有影響力的消費者群體。

在行動網路尚未普及的時候，我們很難想像，人與之間的溝通方式，除了使用手機、簡訊外，還有什麼方式。

行動網路不僅豐富了人們的溝通方式，也拉近了彼此間的距離。

溝通不僅要有高度，更要有深度

多數時候，銷售失敗的原因並非產品品質差或顧客沒有相應的需求，而是因為在銷售過程中，銷售者與顧客之間沒有進行有效的溝通。

有些銷售者在面對顧客時擺著一張冰冷的臉，讓顧客望而生畏；而有些銷售者則喜歡喋喋不休，只顧著自己說，而忽略了傾聽顧客的心聲，忘記溝通是雙方互動的行為，而不是一個人的「獨角戲」。

這些方式都會導致銷售失敗。要明白，你是在賣東西，要讓顧客掏腰包花錢買你的產品，面對越來越理性的消費者，只有打動了他，這個目的才能實現。可見，溝通至關重要，溝通的過程不僅要有高度，更要有深度。

【不銷有謀法則】

法則 1：高度

高度同時意味著對宏觀溝通內容的宏觀掌控。

換言之，我們至少要盡可能的站在宏觀的角度來看問題，才能更好地豐富溝通內容。理解顧客的難處，從而幫助我們更全面的思考問題。

在整個銷售行業中，我們更要跳出自己的圈子，理解當前處於整個行業中的狀態，理解競爭對手的狀態，這有助於我們明確了解自己在溝通中出現的問題並加以改進。

這個過程中就引申出一個重要的能力 —— 洞察力。

如果你是個善於觀察的人，你會發現許多顧客都有自己獨特的見解，你應該更巧妙地解決對方的問題。更重要的是，洞察力不光是洞察人物、環境和事件，更是洞察自我。這樣一來，擋住我們的溝通障礙就會慢慢變少，離成功的溝通自然會越來越近。

法則 2：深度

在深度形成之前，更重要的是，掌握形成深度的邏輯。

簡單來說，就是要編織一張細節之網。所謂細節決定成敗，如果你有足夠的能力把存在的問題編織成一張沒有漏洞的網時，細節就無法從網中漏出去，深度也就形成了。

在編織這張網的過程中，你要學會拆分當前溝通內容，由一個談話目標反推，拆分成若干溝通節點，再將每個溝通節點拆分成相應的銷售細節，最後再將細節再拆分。總之，分得越細，這張網編織的網就越密。

在不斷拆分的過程中，你還需要不斷的反思、總結、推翻、重建。經過一番調整，找到問題的根源再思考解決對策。堅持這樣的溝通習慣，深度就會慢慢形成。

儒家經典《禮記．大學》中有這樣一段話：「古之欲明明德於天下者，先治其國；欲治其國者，先齊其家；欲齊其家者，先修其身；欲修其身者，先正其心；欲正其心者，先誠其意;欲誠其意者，先致其知，致知在格物。物格而後知至，知至而後意誠，意誠而後心正，心正而後身修，身修而後家齊，家齊而後國治，國治而後天下平。」

無論是溝通的高度還是深度，提升的過程都是沒有捷徑的。一分耕耘一分收穫，要想順利達成目標，就要埋下希望的種子，沐浴陽光的同時不忘澆水施肥，沉下心來一步一個腳印，最終才能在突破現有認知基礎上，總結與沉澱，實現終極目標。

優化成本：業務溝通 VS 情感溝通

溝通，簡單來說就是表達需求，解決問題。透過高效溝通，可以降低銷售者的談判成本，避免形成資訊壁壘，更加直接高效地推進銷售。與此同時，顧客才能得到想要的資訊，明白你的想法和需求。

如果不做溝通，貿然為顧客提供服務，有時反而會適得其反，不僅使顧客滿意，甚至可能還會惹惱顧客。

如果你想要從溝通中獲得資訊，就必須有主動溝通的意識，要主動找顧客，而不能等著顧客來找你。並在溝通過程中，為顧客提供相應的建議，以滿足顧客的需求。

掌控溝通，優化成本

銷售場景：

某個城市裡有一家號稱是「世界最大」、「貨物應有盡有」的百貨公司，在這家百貨公司裡有一位年輕的銷售員，他很熱情，很善於與人交流溝通。

某個週末下午，來了一位客人，要為自己的妻子買一盒感冒藥，因為他的妻子生病了。在幫顧客拿感冒藥時，銷售員從談話中了解到這位顧客很喜歡釣魚，於是對顧客說道：「您的太太在吃了這種藥後會在家裡睡覺，在這樣好的天氣裡，不去釣魚實在是太可惜了。」顧客想了想說：「嗯，你說的很有道理，只是我家的魚鉤丟了，想去也去不了。」銷售員笑道：「這好辦，這裡什麼都賣，您可以在這裡買了再去釣魚，很方便。」於是顧客決定在這裡買了魚鉤去釣魚。

然後銷售員接著問：「您喜歡在什麼地方釣魚呢？」顧客說：「一般都是水庫、池塘等淺水區，那裡的魚比較容易上鉤。」「您為什麼不在深水區釣魚呢？那裡的魚肉質更鮮美，說不定還能釣上一條大魚。」銷售員接著建議道。喜歡釣魚的顧客顯然被說動了，「但是，我沒有大號的魚鉤啊！」顧客說。銷售員說道：「沒關係，這裡有啊，而且，買兩種魚鉤的話還會贈送您一段魚線。」顧客感覺這裡的服務很周到，就買下了兩種魚鉤和相應的魚線。

在等待的過程中，銷售員還了解到顧客很喜歡海，但是從沒有在海上釣過魚。「哎呀，」銷售員建議道：「在海上釣魚可是別有一番風情呢，而且現在到漁汛期了，城市附近的海域有很多大魚，您為什麼不馬上去呢？這樣一直拖著，您就永遠去不成了。」顧客說：「我是很想去，可是我沒有船啊！」「原來是這樣啊，」銷售員接著說：「公司正好在銷售一款新的汽艇，價格便宜，品質也非常好，您要是買的話，我可以為您打八折。」於是，顧客又在這裡訂購了一艘汽艇。

本來顧客只是來幫妻子買感冒藥的，但是銷售員在與客人主動溝通的過程中了解了顧客的愛好，並從顧客的愛好入手，知道顧客想要的東西，進而為顧客提出建議。

一方面顧客也確實需要這些東西，另一方面，銷售員的熱情也打動了顧客。就這樣，從感冒藥到釣魚器具進而到汽艇，銷售者的這筆生意可謂是做得非常成功。如果顧客進來買藥的時候，銷售員只是給顧客想要的東西，而不主動溝通，從中發現商機，又怎麼能為公司賺取那麼大的利益呢？這就是溝通的魅力所在，它降低了銷售者的談判成本，並促成銷售。

【不銷有謀法則】

法則 1：業務溝通

直奔業務主題，促成雙方合作。這種溝通方式簡潔明瞭，兼顧雙方需求，更能展現銷售者的專業性和職業素養。

法則 2：情感溝通

增加彼此認同感，為後續溝通打下基礎，有效的情感溝通可超越銷售者與顧客的業務關係，培養成穩定的朋友關係，這種溝通方式有利於客戶關係的維護。

無論最終採取哪一種方式，溝通的比例都要恰到好處，並且有一定的深度。

法則 3：溝通語言

除了上述兩點，還要說一點，在溝通語言表達技巧上，熱情是第一要素。

銷售者在與顧客進行溝通時，不能只是鞠躬、點頭、打手勢，這樣會顯得缺乏熱情與魅力。而是要透過有效的溝通語言，配合「有聲服務」，這也正是今天大多數顧客想要的一種彈性溝通方式。倘若只是冷漠的與顧客對話，就會給顧客一種拒人於千里之外的印象。

專人管理：找到溝通的正確執行方式

銷售場景 1：

我的朋友康華，是某地區知名企業的銷售經理。

有一次，我碰巧到他所在的城市出差，順便就去拜訪了他的公司。

我去到辦公室時，他正在聽一位年輕人匯報工作。等下屬走了，我問康華：「這位員工銷售理念似乎不錯，他是哪個單位的？」

康華回答：「這是張強，他負責幾家大客戶，本來他是一直向這幾家大企業做銷售的。由於和顧客關係不錯，我現在提拔他做銷售經理助理，主要是負責幫我與這幾家大顧客保持聯絡，隨時了解他們的生產發展狀況，找到他們的需求，尋求提高業績的機會。」

我說：「是的，看他的口才和思路，應該具有這方面的潛質。」

康華說：「不過，我最近要把他調到另一個銷售區域了，那裡的負責人工作不是很扎實，我想換換人。」

聽了康華的這個決定，我並沒有很贊同，當然也不好表現出來。過了幾個月，我在另一個場合碰見了張強，他看起來工作狀態不錯，我向他打聽原本負責的幾家大客戶，他不無遺憾地說道：「自從我走之後，新的經理助理與他們不是很熟，結果，很快被一直與他們接觸的競爭對手找到機會，搶走了好幾份大單……」

康華的確幫企業配備了專業的顧客關係管理部門，也找到了較合適的關係管理員工，然而，他並沒有保持其穩定性，而是認為換另一個下屬來從事這個工作也沒有什麼關係。事實證明，他的這個決定並不明智，因為在該地區的實際市場情況中，幾乎所有的大客戶都集中在某城，張強在另一個區域獲得的業績，很難超越他在顧客關係維護上所發揮的作用和價值。

銷售場景2：

一天，曾經在某醫藥公司擔任銷售代表的小江向我發來郵件，說自己已經被升遷成為銷售部門的經理。我向他表示祝賀之餘，也忠告工作方法注意適時的改變。

半年之後，小江又發來郵件，說自己在銷售經理的位置上做得並不順利，公司高層對他已經有了一些看法。

原來，小江原本擔任銷售代表時，與手上顧客的關係相處很融洽，他頻繁利用自己的專業知識和服務態度，向對方做出良好的建議，幫助對方獲得不錯的經濟效益。但當他成為銷售經理時，對銷售員的培訓、考核，對顧客的開發、市場的拓展等等，成為他工作的重點，結果，隨之而來的是對過去那些顧客的疏遠。好幾次，顧客邀請他參加內部研討會或者公開活動，小江都因為確實抽不出時間而無法前往，只能讓一般的銷售員前去出席。顧客的不滿表現在了對產品的選擇上，一些競爭對手乘機奪走了小江手上好幾家老客戶。

小江在郵件中表露了自己的遺憾，他這時才反思自己，說沒有一開始就建立專門的顧客關係管理部門，才導致自己受到了這樣的挫折。

雖然小江在擔任銷售代表時，注意與顧客保持聯絡。但當他成為銷售部門經理時，由於工作精力被分散，有效工作時間縮短，結果忽視了與顧客的關係保持。

其實，小江應該儘早在他的銷售部門，建立專門與顧客進行關係管理的部門，不能只想著拓寬市場，發展新客戶，而放棄了原有陣地。從中，我們也可以看出設立關係管理部門、建立專人管理體系在銷售溝通中的重要性。

高效能的溝通源自穩定的顧客關係管理

保持顧客關係的穩定性，與之建立長期的連結，高效能的溝通，首先要確保顧客關係管理系統的穩定性。任意變動管理者，或者既任用同時又在懷疑，反而會造成更多的問題，並破壞顧客對企業和銷售者原有的信任。

而在個人銷售者的工作流程中，與顧客保持良好的關係是其工作應盡的義務，同時也是獲得顧客青睞的重要方法。

當銷售程度加深，規模加大，普通銷售者上升為銷售活動的主管時，僅僅透過個人和顧客保持聯絡已經不太符合現實了。

採取不同形式來建立顧客專人關係管理部門，可以獲得顧客更多的認可。

建立專人管理系統/部門的要點	
要點	分析
明確部門	顧客關係管理部門需要有明確的部門地位。
挑選主管	合適的主管將作為銷售部門的形象代言人而出現。任何機構都應該配備足夠能力的主管，關係管理部門也是如此。挑選主管的原則是注重其工作才能特點。越是與顧客熟悉的銷售代表，越適合擔任關係管理的機構主管。不應頻繁更換關係管理部門的主管，防止前功盡棄。
考慮周全	當銷售者成為部門管理者時，考慮的問題理應更多。
搜集資訊	在更多更頻繁的關係互動下，顧客對產品的評價也往往更高。顧客關係管理部門，實際上還是資訊和情報的搜集中心。

【不銷有謀法則】

法則1：培養顧客關係管理能力

從銷售主管剛剛開始帶領團隊工作開始，就應該注意培養員工重視顧客關係的意識，比如，透過事前的溝通，強調保持顧客關係的重要性。在銷售過程中隨時指導，引導銷售者的工作方向。在銷售過程結束後，及時評點，指出其不足，從而提供有效經驗教訓等等。最終能樹立員工正確看待顧客關係價值的方向，獲得較好的備選人才。

同時，透過銷售主管有意識的挑選和訓練，那些能較好展現顧問行銷意識的員工將能夠脫穎而出，成為銷售團隊中較為成熟的員工，並獲取進步，逐漸擁有資格和能力來擔任專業的關係管理部門領導者。

▢ 法則 2：挑選出適合的部門主管

挑選主管的準則，應該從以下幾個方向來注意。

表：挑選主管的準則

挑選主管的準則	
準則	分析
注意員工態度	銷售員工的工作態度反映在其具體工作過程中，對於那些經常站在顧客角度幫助他們、維護顧客利益的員工，銷售管理者應該能著重考察，並給予一定的試用和鍛鍊機會。
注意員工能力	從銷售過程中所展現出來的社交能力、產品知識、商業素養等不同方面進行分析，保證擔任關係管理部門主管的是真正內行的人選。
注意員工履歷	一般來說，挑選那些和大客戶打交道比較多，曾經做過大單的銷售者擔任顧客關係管理部門主管，也是不錯的選擇。

總之，在任用專人管理部門人選的問題上，銷售管理者要有信心和勇氣，同時也要謹慎和準確地考察自己的員工，從而保證帶領整個部門順利展開溝通工作。

▢ 法則 3：根據現實需求確定規模

顧客關係管理部門的規模也應該根據實際需求而確定，並非單純的越大越好。過於龐雜的人員構成，反而會導致沒有人真正願意努力加強與顧客的關係。

你應該透過以下的判斷來創設出合適的機構規模：首先是顧客的生產經營規模，越大的顧客，他們的內部關係往往越複雜，也就需要你用更多的關係管理部門去理順，而反之則越小。其次是顧客對產品的需求，需求越大的顧客，往往越需要你進行及時的主動聯絡，反之則可以減小聯絡的次數，減少花費的人力。最後是顧客價值的發掘，潛力越大的顧客，往往越需要更多的關係管理部門工作來開發他們的潛力。

法則 4：對專人管理部門予以重視

不少銷售部門內部其實還會細分出不同的顧客關係管理部門。然而，可能由於種種原因，這些機構並沒有得到充分的重視，甚至只是一種「客串」的角色。

銷售領導者應該充分意識到顧客關係管理的重要性，不能僅僅在出現問題時才想起這個部門，平時對於顧客關係管理部門就應經常督促和指導，並隨時關注他們的工作進度和成果，要求他們結合產品和服務，與顧客建立良好的、長期的、穩定的關係。

第九章　服務邏輯：
利用網際網路提升服務效率

拚服務：服務是最吸引人的銷售術

現代廣告業的奠基人之一克勞德．霍普金斯（Claude C. Hopkins）曾說：「任何吸引人的銷售術，都是建立在吸引人的產品或服務上的。」

頂級銷售要建立在頂級服務基礎上

已逝的蘋果公司 CEO 賈伯斯，可謂是這個時代對我們影響力最大的銷售者，除了提供風靡全球的蘋果產品，他還提供了頂級的服務，例如激勵服務。

他讓我們意識到，透過創新，人類有能力創造出世界上市值最高的公司，構築最強大的競爭力。賈伯斯已然成為一種信仰，蘋果也隨之成了一種象徵，激勵了很多人走向創新的道路。

然而，還有很多銷售者（可以說是絕大多數人），思維還停留在「賣產品」的時代，毫無服務意識，更談不上吸引顧客和頂級服務了。

現在，請靜心想一想：你對顧客提供過什麼樣的服務？服務品質怎麼樣？

【不銷有謀法則】

圖：新競爭環境下的服務法則

法則 1：從「產品之爭」到「服務之爭」

今天市場競爭已不再是單純的「產品之爭」，而是「服務之爭」，尤其是對醫療、金融、教育培訓等行業來說，服務是企業競爭力的核心因素。

通常而言，企業在與客戶進行合作時，往往秉承著「在商言商」、「一手交錢，一手交貨」的經營原則。然而，企業要想與客戶保持良好的合作關係，就必須要突破這種「沒有人情味」的交易模式，而是展開更為親密的、互動型的客戶關係維護體系，向客戶提供零距離服務、提高客戶信任度、讓客戶參與管理、與客戶進行感情交流。

法則 2：縮短服務環節／時間

銷售場景：

在一家銀行的營業大廳裡，許多銀行客戶都在排隊辦理業務。這時，一位客戶走進營業大廳，並沒有到取號機前取號碼牌，逕自到服務窗口辦理業務。其他客戶看到這一幕後深感憤慨和不滿，於是銀行的工作人員解釋說：銀行有規定，如果客戶的存款在這家銀行達到一定的數額，則可以享受 VIP 服務，其中就包括免排隊服務。既然銀行有此項規定，正在排隊等待的客戶也就沒有異議了。

銀行針對 VIP 客戶提供了相應的服務 —— 精簡環節、縮短時限，提高了對 VIP 客戶的服務效率。目前，很多企業都對客戶（不只是 VIP 客戶）制定了多樣化和人性化的服務體系，以便快速處理和解決客戶的服務請求，向客戶提供零距離服務。

法則 3：為客戶提供主動服務

在客戶的內心深處，都期待我們能夠主動為他們提供周到、熱情、貼心的服務。

因此，在向客戶提供服務時，我們應該採取「主動出擊」的服務策略，對待客戶就像對待我們的家人一樣，引導客戶接受並認可我們的服務。一旦客戶認可了我們的這種服務模式，就自然而然地形成「被動等待服務」的固定思維，如果我們不能主動、及時地回應客戶的請求，客戶滿意度就會大打折扣。

法則 4：建立有效的回饋機制

客戶也會對我們的產品與服務有抱怨、不滿等意見和批評。為了確保這部分客戶不流失，你就需要建立一個有效的回饋管道，及時了解和掌握客戶的需求，與客戶實現高效能溝通。比如，一家金融顧問服務機構就採取了這樣的服務策略：該機構對客戶透過電話回饋、親自登門拜訪等方式，與客戶面對面的交談，對客戶意見進行分析、整理和歸納，有效獲取客戶最新的動態和要求。

拚情感：高效交流增進與顧客友情

隨著市場經濟的繁榮，人們消費水準不斷提高，消費者已不僅僅滿足於產品所帶來的物質利益，而是越來越關注於產品所帶來的心理需求和精神利益。精神利益能夠讓消費者感受到情感上的愉悅、心靈上的歸屬。

說得通俗一些，也就是我們常說的「花錢買感覺」。

那麼，對企業和銷售者來說，我們如何真正掌握顧客的情感訴求，向他們提供針對性的解決方案呢？

掌握顧客情感訴求才能創造最大價值

在網際網路時代，服務之爭已經成為企業爭搶市場、建立核心競爭力的重要展現，而拚情感也必將在企業運作中發揮其龐大的價值。

所謂「拚情感」，不僅展現在企業在銷售過程中滿足顧客的需求，而且在產品的研發、設計、生產、行銷等各個環節中為顧客創造最大的價值利益。例如，外觀的藝術化、品質的卓越化、效能的全面化等，保證讓消費者真正受益。就目前的銷售狀況而言，一些企業普遍運用的體驗式銷售模式其實都是脫胎於情感行銷的理念，其核心特點都是透過體驗服務維繫和建立顧客的忠誠度。

對顧客來說，他們希望從我們的產品或服務中獲得怎樣的利益呢？其實答案很簡單，他們需要的是一個貼心的、保母式的個性化情感服務方案，這種服務方案不僅能夠徹底解決他們所面臨的問題，而且能夠滿足他們的精神訴求和心理追求。

銷售場景 1：

美國某旅行社在宣傳海報上向人們展現了這樣一幅圖畫：一名粗獷豪放的西部牛仔，頭戴牛仔帽，嘴上叼著一根香菸，在一片矮草叢生的大草原上縱馬奔馳。在遼闊、充滿原始西部風情的映襯下，更加突顯出牛仔矯健沉穩、豪放不羈的硬漢形象。

這則廣告恰好迎合了消費者厭倦了忙碌無聊的都市生活，渴望獲得無拘無束、縱情山水的情感寄託。儘管人們看到這幅畫面以後，也不會真的成為一名西部牛仔，但它真實地表達出了人們渴望逃離世俗喧囂的心理訴求。而運用了這一策略後，該旅行社吸引了大量的旅客，為旅行社帶來了可觀的利潤。

銷售場景 2：

一家知名餐廳的核心業務卻不是餐飲，而是展現在它的服務特色上，它成功地將員工的主觀能動性發揮到了極致。

在這家餐廳，顧客能夠真正體會到「上帝的感覺」，由於員工熱情、周到的服務，甚至讓顧客覺得「不好意思」。

一名顧客在評論這家餐廳時曾表示：「現在都是平等社會了，他們精緻的服務讓人有些不習慣。」憑藉一流的服務，餐廳征服了大批客人，許多客人將自己的用餐體驗釋出在網路論壇上，於是一股病毒式的傳播效應由此顯現出來，越來越多的消費者開始關注這家餐廳，成為忠實顧客。

這家餐廳的模式之所以獲得極大的商業成功，是由於其在保證產品品質的基礎上，以服務為中心、以情感為切入點，找到了屬於自己的差異化行銷模式，透過病毒式行銷傳播有效地建立起了品牌的知名度和美譽度。

對其他行業的企業和銷售者來說，我們或許能夠從中得到一個啟示：「在服務中為顧客創造價值」絕對不是一句口號，必須做好服務中的每一個細節，將真摯的情感注入到消費者心中，與顧客之間就能夠產生有效的情感關聯，顧客忠誠度也就由此建立起來了。

在情感消費的時代，消費者購買某種產品或服務時，所注重的已經不再僅僅是產品的品質、效能、價格等，而是一種精神上的滿足，一種心靈上的共鳴。情感正是針對消費者的精神需求，激發他們內在精神感受，讓產品能夠得到消費者心理上的認同。換言之，即將消費者的情感蘊藏於行銷當中，讓消費者由衷地喜愛和接受我們的產品或服務。

那麼，企業在銷售的過程中如何「拚情感」呢？

【不銷有謀法則】

法則 1：固定化

要做到這一點，企業和銷售者就要將情感服務一以貫之地執行下去，將完善的服務一直持續下去，不能「三天打魚兩天晒網」。從本質上來說，服務是企業向顧客展示產品的一個重要切入口。如果我們不能一直保持良好的服務，最終損害的是自身的品牌形象，這對產品的銷售也是一種致命的打擊。

法則 2：生動化

生動化，是指企業的一切服務都要以顧客為中心，旨在滿足顧客的精神追求和心理共鳴。儘管很多企業都建立了定期追蹤回訪制度，但隨著市場競爭的日益激烈，這種售後服務已經遠遠不能滿足消費者越來越挑剔的消費心理。

因此，要想確保生動化的情感服務模式，企業和銷售者就必須要展開仔細的市場調查，傾聽消費者的聲音，向他們提供貼心、舒適的親情化服務，既要滿足消費者對產品的物質需求，又要滿足他們精神和心理需求。當一種產品同時能滿足這兩個層面的需求時，我們還擔心不能建立顧客的忠誠度嗎？

法則 3：參與化

就目前的服務模式而言，儘管有許多企業都打出了服務的旗號，如「1 折促銷」、「免費贈送」等，但回應的消費者卻寥寥無幾，即使偶有消費者參與，也是衝著企業所承諾的好處去的，這樣的服務對提升品牌的價值不會產生任何宣傳效果。企業可以透過舉辦一些公益活動來吸引消費者的關注，這樣既能夠滿足消費者的精神需求，而且也能夠展現出非常正面的社會意義。

法則 4：創新化

拚情感，不僅展現在銷售者服務水準的提高上，更展現在企業在服務模式的創新層面上。就傳統的銷售服務模式而言，完全是由企業管控產品的設計、研發、生產、銷售等各個環節，而這裡所謂的「創新化」，就是指企業需要將最終的「判定權」歸還給消費者，讓他們一起參與到產品的研發過程中。如果一種產品能夠真正得到消費者的認可和歡迎，企業自然能夠在市場競爭中建立持續的競爭優勢。

拚關係：建立與顧客的「專屬連結」

在我們傳統的思維觀念裡，企業與顧客之間在利益上似乎存在著天然的矛盾，雙方被看成是此消彼長的對立關係。如果企業對顧客做出一定的妥協，就意味著自己的利益將被割讓出一部分，給自己帶來或多或少的損失。然而，這樣的觀點顯然存在著一定的狹隘性和局限性。其實，與顧客實現互利雙贏是其一貫秉承的宗旨和理念，而這也正是現代銷售優越於傳統銷售的關鍵所在。

從「對立面」到建立「專屬連結」

從短期利益來看，企業與顧客之間看似是一種「對立」的關係，但就長遠利益而言，雙方實際上是一種唇齒相依、相互依賴的關係。

顧客是企業賴以生存的基礎和保證。如果沒有顧客，企業將不可能持續生存下去。

只有在公平和諧的商業環境中，我們才能將自己的產品銷售出去，與其站在顧客的「對立面」，不如與之建立「專屬連結」，與顧客實現雙贏的合作。

只有當顧客認同了我們的產品，我們才能與顧客建立長期的合作。

因此，對企業和銷售者而言，要在銷售過程中樹立長遠眼光，善於打破傳統的銷售觀念，多站在顧客的角度上思考問題，這樣才能賣出更多的產品。

銷售場景：

江源暢是一家紡織企業的總經理。然而一場嚴重的經濟危機使他的紡織廠陷入瀕於破產的困境，產品滯銷導致庫存積壓，資金周轉捉襟見肘，照這樣的事態發展下去，江源暢的企業恐怕很快就要倒閉了。

於是，江源暢的朋友都紛紛勸他提高產品價格，並採用較差的原材料以減少成本。江源暢經過再三考慮，終於決定採納朋友的建議。

不久以後，這個消息就傳到了老闆王忠業耳朵裡。第二天早上，王忠業就來到公司裡，勒令江源暢打消這個念頭，江源暢對王忠業的要求感到不服氣，於是王忠業當場就解除了江源暢的職務。隨後，王忠業將公司的老顧客召集到一起，對他們說：「對不起，讓大家受苦了。今天將大家召集到一起是想告訴大家，我已經解除了江源暢的職務，並且向大家保證，公司不會提高產品價格，產品品質也不會下降，而且我還會再讓出 50%的利潤。希望大家共同努力，我們一起度過這場危機。」

當王忠業說完這番話以後，顧客們心裡都充滿了感激。王忠業讓出 50%的利潤，為顧客帶來的效益是無法用具體的數字來衡量的，顧客紛紛預訂王忠業公司的產品，並預付了一大筆訂金，以幫助王忠業維持公司的正常運轉。王忠業提出的「合作雙贏、互利互惠」的銷售策略，為企業吸引了一大批新顧客，這不僅使他的企業擺脫了這場經濟危機，而且一步步發展壯大，最終發展成為一家紡織大廠企業。

儘管許多企業都懂得「合作雙贏、互利互惠」的道理，但在真正的銷售實踐中卻總是考慮自己的利益，而該企業老闆王忠業深諳「唇亡齒寒」之道，當其他廠商都在紛紛提高產品價格的時候，他卻在公司舉步維艱的情況下降低了產品價格，選擇了與顧客一起承擔風險。正是由於王忠業對顧客懷著一顆感恩之心、懂得為顧客著想，才使得他的企業得以絕處逢生，擺脫了眼前的困境。

在上述案例中，王忠業透過低價策略實現了與顧客雙贏。事實上，互利雙贏的銷售模式還有很多種，比如，近年來相當流行的一種雙贏銷售模式——PRAM 模式。「PRAM 模式」也被稱為「雙贏銷售模式」。它主要包括四個步驟：

表：PRAM（雙贏銷售模式）的四個步驟

PRAM(雙贏銷售模式)的四個步驟	
步驟	分析
計畫	該模式的第一步是制定一個雙贏式的銷售計畫。
(PLANS)	這個計畫的本意要圍繞解決以下問題展開： 怎樣才能使顧客樂意與我往來，願意與我打交道？
關係 (RELATIONSHIPS)	即銷售者與顧客建立良好的人際關係。 人們總是會為自己喜歡和信任的人出力，卻不會為沒有交情的人東奔西走。 而建立關係就是建立起一種相互間的承諾，這樣當你在日後有事相求時，對方也會義不容辭。
協議 (AGREEMENTS)	人際關係網絡建立起來後，銷售者和顧客之間就可以上升到協議的階段——銷售者可以給顧客所需要的，以換取自己所想要的。值得一提的是，前面兩個步驟必須徹底實行：計畫制定得完善、人際關係通暢無阻，接著訂立協議。 另外，你所訂立的協議必須對雙方都有好處，如果只是單方面受益，彼此關係就會變得對立。
持續 (MAINTENANCE)	真正的銷售始於售後。銷售者要想使顧客再次光臨，並使顧客能夠為自己介紹新客戶，計畫、關係、協議三者都必須是持續的。當你把產品賣給顧客之後，當務之急是要確保協議能得到徹底執行。否則雙方的銷售關係就會立即結束。其次才是保持良好的關係。如果能實現這一點，也就為自己今後的成功奠定了良好的基礎。

【不銷有謀法則】

☐ 法則 1：明確自己的銷售目標

建立連結的第一步是，當你在向顧客推銷自己的產品或服務時，你希望能達到怎樣的預期目標，目標的確定越具體越好，帶著目標去做事，而不是一味地討好顧客。

法則 2：充分認識顧客的目標

接下來，如何精確地辨識你的目標顧客？

關鍵在於你要充分認識顧客的目標。如果顧客不需要你的產品，即使你苦口婆心地推銷，顧客也不會對你的產品有任何興趣，自然就建立不起與顧客的連結。

法則 3：尋找雙方共同的願景

認清了顧客的目標以後，銷售者就應該對雙方的目標進行分析和比較，找出雙方共同的願景和利益需求，試圖建立起與顧客的連結。

法則 4：提供滿足雙方需求的解決方案

在明確雙方共同的願景以後，銷售者就需要提供一個雙方都能接受，且能夠滿足雙方利益的解決方案，透過各種方式和管道來協調雙方的利害關係，以實現雙方的目標，在這個環節中，銷售者需要注意一點：如果你不能很好地平衡雙方的利益，不能滿足顧客的目標，那就意味著你自己的目標也將落空，就不能順理成章地建立起連結。

第十章　競爭邏輯：在新常態下建立競爭優勢

在免費當道的時代，沒有競爭力就沒有銷售力

網際網路時代，人人都在講免費。

其實，免費的才是最貴的，前期的免費往往是為了讓你後面消費。

之所以如今都用「免費」做入口，是因為它能驅動利益：你免費的時候消費者才願意進來，你更容易獲得流量，反之，你不免費，消費者就走掉了。

可見，即使是免費，在商場上，競爭也依然激烈而殘酷。

思考這樣一個很簡單的問題——

倘若競爭對手先發動了「價格戰」，率先降價，你該怎麼辦？

「那我就免費好了！」

別說是你，就連社群媒體都不是永久免費的。

一旦做免費的活動不僅要耗費較大的時間和精力和成本，還會產生一系列問題，譬如消費者形成免費依賴後怎麼

辦等等，如果不是實力強大的企業根本做不起免費的生意。而即使是大品牌，在利潤面前，也不敢保證永遠免費。

不妨看看美國一家公司（S 公司）是怎麼應對的。

銷售場景：

在美國，S 公司生產和經銷的酒一直享有盛名，在美國的市場占有率基本上無人能比，消費者對其更是信任有加，所以 S 公司一直高枕無憂。但在 1960 年代，S 公司卻遭受了嚴峻的價格競爭考驗。

當時，另一家新成立的酒廠 Y 公司以每瓶比其低 1 美元的價格推出了同類產品，而且這家酒廠的酒也是香醇可口、品質上乘，投入市場後，立刻引起了消費者的注意，很快就侵占了本屬於 S 公司的地盤。

如此下去，它將極有可能奪走 S 公司的半壁江山。

面對凶猛的正面攻擊，S 公司的負責人沒有失去冷靜。他深知，他的公司歷史悠久，產品聲譽好，銷量大，若捲入價格戰中，既損害了公司的形象，又會帶來鉅額的損失，這是很不明智的做法。在深思熟慮後，S 公司做出了異乎尋常但極為出色的決策：將自己的產品提價 1 美元。與此同時，消費者的反應也是出乎意料，人人都認為高價必出好貨，結果 S 公司的銷售絲毫沒有受到影響，反而穩中有升。

在穩住陣腳，守住了自己的一方領地之後，S 公司隨即組織反擊——另外推出了兩個新品項，一種價格與競爭者的價格相當，另一種則比競爭者的還要低 1 美元。

這一反擊策略就將對手咄咄逼人的攻勢徹底粉碎。幾十年過去了，S 公司仍然盛銷不衰，而競爭者的市場占有率僅為其六分之一。

企業在市場中經常會遇到競爭對手價格變更的情況，而且往往競爭對手在進行價格變更時都是經過深思熟慮的，而我們能做出的反應時間不會長，有時還很有限。

這時，如果你在幾個小時或幾天之內做出決定性的反應，未免會顯得過於倉促而難以奏效。有一個方法可以縮短反應時間，那就是事前預計到競爭對手所能做出的價格變更，而做出相應的應變措施。

競爭面前，企業不能「等死」，也不能「找死」

無論是面對哪一方面的競爭，企業既不能「等死」，也不能「找死」。

在任何情況下，都要為了最大的利益做出最大的努力，尋找出路。

當面對競爭對手降價時，想辦法以削弱其影響，甚至讓對手自取滅亡。

很多時候，你束手無策，降價等於找死，不降無異於等死。其實，企業可以採取相應的策略回擊。

表：在回擊競爭對手前你需要考慮的問題

在回擊競爭對手前你需要考慮的問題	
問題	分析
目的	競爭對手降價的目的是什麼？ 是為了侵占市場，還是經營能力過剩？ 是因為成本下降，還是想領導全行業價格變動？
性質	競爭對手的降價屬於暫時性還是長久性的？
影響	如果對對手降價置之不理，將對自身的市場占有率和利潤發生何種影響？
空間	對手目前可能有多大的盈利空間？
反應	其他競爭企業又會做出何種反應？競爭對手對本企業每一種可能的反應又會如何？

在此之前，你要考慮並弄清楚以下幾個問題：總之，我們應根據自身的實際情況，對競爭者的種種競爭策略採取了解，再做應對。

【不銷有謀法則】……………………………………

法則 1：不盲目跟風

在面對競爭時，例如，對手突然降價，這時最重要的是我們不能失去冷靜，一時衝動，盲目跟風，採用同一戰術，因為這樣會得不償失。

你要做的是在保住現有利益的前提下，制定周密的措施，讓對手無路可走、無計可施，如此必會勝券在握。

法則 2：迅速反應、採取對策

競爭者採取某種策略之後，企業應迅速做出反應並採取對策。企業要分析競爭者採取某一策略的原因、真實動機是什麼；採取這種策略是長期的還是短期的；如果我們對競爭對手的策略不做出反應的話，市場占有率又會發生什麼樣的變化。只有把這些問題搞清楚，你才有進行反應的合理理由。

法則 3：保持顧客關係穩定性

應著眼於客戶的長期利益，盡量將合作週期拉長。並採取薄利多銷、多品種、多合作機會等。同時更注重建立良好的財務狀況。

法則 4：調整銷售策略

例如，扭轉觀念，降低費用，強調專業推廣重要性。

對銷售者實行差異化管理，重新分配企業有限的資源。

鼓勵銷售者增加每人平均分銷能力，擴大市場涵蓋率。然後平衡不同區域銷售回款現狀及潛能，規範費用管理。

法則 5：調整通路策略

樹立利益共同體的觀念，降價損失共同承擔，加強合作，攜手進步，然後擴大產品線，增加合作機會。還應該平衡不同區域銷售回款現狀及潛能，並以客觀可準確衡量的數字為依據，不斷調整通路策略。

不斷提升顧客滿意度是超越競爭對手的關鍵

2015 年的一份報告指出：「當前隨著網際網路加速從生活工具向生產要素轉變，其與傳統產業的結合日益緊密，以網際網路為基礎的新興業態更加密集湧現，『互聯網＋』模式將成為企業競爭、產業競爭乃至國家競爭的新常態。」

現有滿意度才有忠誠度

隨著產品或服務越來越同質化，加上網際網路時代，社交媒體的大量湧現，市場透明度越來越高，顧客可以選擇的機會越來越多，消費觀念也逐漸趨於理性和成熟，這就意味著顧客擁有的「市場權力」越來越大。

那麼，在這樣的商業環境下，企業如何留住自己的老顧客，不斷發展新顧客，以創造超越競爭對手的競爭優勢？

答案是：真誠地對待每一位顧客，不斷提高顧客的滿意度，進而提升顧客的忠誠度！

對企業和銷售者來說，如何不斷提高顧客滿意度，如同馬斯洛的需求層次理論一樣，顧客滿意度也有不同的驅動層次，就像階梯一樣按層次逐級遞升：

表：顧客滿意度的幾個層級

顧客滿意度的幾個層級	
層級	分析
第一層級	優質的產品或服務。
第二層級	科學規範的業務流程和支持系統。
第三層級	外在技術表現，對顧客的感知力。
第四層級	與顧客進行密切聯繫和接觸，維護顧客聯絡。
第五層級	與顧客建立情感紐帶，恆久留住顧客的因子。

要提高顧客的滿意度，企業和銷售者就必須保證在每個驅動層次上都要優於競爭對手，盡最大努力為顧客提供最優質的產品或服務，以不斷滿足顧客的需求。

【不銷有謀法則】

法則 1：留住顧客的前提 —— 優質的產品／服務

對每一位顧客來說，他們都希望能夠購買到品質好、效能高、安全可靠的產品，但如果企業在產品硬體方面滿足不了顧客的利益需求，那麼即使提供優質的軟體服務，也無法贏得顧客的青睞，因而也就不可能吸引和留住顧客。

例如，某航空公司為顧客提供了非常優質的服務，大部分搭乘他們班機的旅客都表示，空服人員熱情周到的服務態度讓他們很滿意，然而這家航空公司的客流量始終落後於其他競爭對手。原因就在於，這家航空公司的班機經常出現誤點的情況，這給旅客帶來了許多不便，尤其是對商務人士來說，這將打亂他們正常的工作流程，甚至因此而耽誤他們一些很重要的會議。

毋庸置疑，為旅客提供準時、方便、快捷、安全的交通條件，是對所有航空公司最基本的要求。倘若連顧客最基本的需求都無法滿足的話，那麼即使提供再細心周到的服務也無濟於事。如此一來，這家航空公司怎麼可能吸引和留住顧客呢？

要想讓顧客在眾多產品或服務中對你刮目相看，僅靠優質的產品或服務是遠遠不夠的。在如今的市場環境下，產品或服務同質化日益嚴重，顧客難以辨認你的產品與其他同質產品孰優孰劣，因而僅靠提供優質的產品或服務，很難使企業建立起超越競爭對手的競爭優勢。所以，就顧客滿意度而言，產品或服務是必要條件而非充分條件，是驅動顧客滿意度的最低層次。

法則 2：留住顧客的保障——科學規範的流程和系統

在日常生活中，大家可能都有過這樣的消費經歷：當你在逛購物中心時看中了一套衣服，款式、搭配、顏色、作工都讓你非常滿意，但是銷售人員卻告訴你這套衣服已經沒有適合你穿的尺碼了，這時你心裡是否會感到很失望？

如果這時你向銷售人員詢問何時到貨，銷售者卻無法給你一個確切的答覆，你是否會覺得這家服裝品牌的貨品供應系統存在問題，而且不重視顧客的消費需求？如果顧客產生了這樣的心理，那麼這家店是無法吸引和留住顧客的。

因此，建立科學規範的業務流程及支持系統（供應系統、訂單處理系統、收付款系統、顧客投訴處理系統以及退換貨系統等），是吸引和留住顧客的重要保障。企業在建立和設計業務流程和支持系統時，應當以提高顧客滿意度為中心，做到簡單、方便、快捷、安全、高效能、易操作，只有這樣才能吸引到顧客。

法則 3：留住顧客的條件 —— 對顧客的感知力

所謂「外在技術表現」，是指銷售者對待顧客的態度和行為。一家公司的業務流程和支持系統是否科學、規範、有效，在相當程度上取決於銷售者的外在表現。因為顧客對於公司的印象和感知，往往源自於銷售者的態度和行為，這將直接影響到顧客對公司、品牌的滿意度和忠誠度。

銷售場景 1：

一家公司建立了一套科學規範的交貨流程，貨物在規定的時間內送到了顧客那裡，但在卸貨的時候，由於卸貨人員的失誤而導致貨物受損，顧客就會對這家公司產生不好的印象。再如，一家公司在接到顧客上門維修服務的請求後，立即安排維修人員趕到了顧客家裡，但該工作人員在檢查維修的過程中態度粗魯、說話生硬，從而引起顧客的反感，本能地認為這家公司的售後服務水準很差，最終導致的結果就是不再購買這家公司的產品，轉而「投奔」到競爭對手那邊。

我在替一些企業做相關培訓時，經常會告誡他們：

100%的努力和100%的銷售表現，才能換來100%的顧客滿意度。要想與顧客建立長久的合作關係，銷售者必須要規範自己的言行舉止，注意在待人接物方面的一些細節。

與此同時，公司也要對銷售或服務人員進行嚴格的選拔、培訓、考核、監督，使其深刻理解公司的服務價值理念和企業文化，並將員工的績效考核與顧客的滿意度和投訴率相掛鉤。

法則4：維護顧客關係——與顧客密切連結

一般而言，顧客與企業接觸越頻繁、連結越密切，與銷售者交流和溝通越多，顧客對企業的滿意度就會越高。顧客如果對一家企業沒有太多的接觸和了解，自然也就談不上滿意度和忠誠度了。因此，企業和銷售者應該經常與顧客保持連結，透過高頻率、近距離、多管道的交流和溝通，加強顧客與企業間相互信賴的關係，從而讓顧客留下一個良好的印象，建立顧客的忠誠度。

維護好顧客關係，對所有企業而言都是非常重要的。

儘管許多企業已經意識到了顧客管理的重要性，但在工作中卻沒有真正執行和落實。一位朋友曾不無感慨地對我談起自己在這方面的經歷。

銷售場景 2：

幾年前，我曾與 L 公司有過一次業務上的合作。在很長的一段時間裡，每逢節慶日我都會收到 L 公司老闆寄來給我的賀卡或邀請函，我當時心想，這家公司對顧客真用心，想必很珍惜我們之間的合作關係，因而我對這家公司的印象很不錯，計劃將更多的業務交給他們來做。

然而有一次，我發現了一些細節上的問題，於是我向 L 公司的服務人員發了兩封郵件，希望他們能盡快幫我解決。可是時間已經過了一個禮拜，我也沒有得到他們的任何回覆，我打電話給那家公司的老闆，對方在電話裡倒是說得很客氣，表示會立刻派人到我公司來處理，但最終也沒有任何服務人員來我公司解決問題……

我對這家公司表裡不一的行為感到很失望，所以很快就取消了和他們繼續合作的計畫。

顯而易見，L 公司對顧客管理和維護的理解是非常狹隘的。要想與顧客建立良好而穩定的合作關係，公司首先要付出自己的誠信，雙方只有在相互信任中才能真誠地互動。僅僅依靠寄賀卡、發簡訊、送禮品之類的方式，即使能贏得顧客的一時好感，最終也會被顧客識破的。

法則 5：恆久留住顧客 —— 與顧客建立情感紐帶

提升顧客滿意度的核心就是與顧客建立有效連結，而建立顧客連結的關鍵，就在於與顧客建立情感紐帶，拉近與顧客之間的心理距離，這樣才能永遠留住我們的顧客。

如何建立情感紐帶呢？這不僅需要銷售者與顧客進行真誠的互動和交流，保持密切的接觸和聯絡，而且要尊重顧客的意見，針對不同顧客的不同需求，為之量身訂製出一套個性化的解決方案，以不斷滿足顧客需求，提高顧客滿意度。

與顧客建立緊密、牢固、持久的顧客關係，是實現顧客與企業雙贏的根本保證。而要與顧客建立這種緊密而牢固的顧客關係，企業就要為顧客提供優質的產品或服務，完善自身的業務流程和支持系統，具備到位的外在表現，更重要的是，企業要與顧客保持密切的接觸和聯絡，讓顧客感受到你的真誠、理解、關懷和陪伴。當我們與顧客建立起超越於商業層面的私人友誼時，情感紐帶就將彼此相連在一起，你才能夠長久地留住自己的顧客，而這就是擊敗競爭對手的核心競爭優勢所在！

關於滿意度調查等問題，我將在後面章節陸續演繹。

新時代銷售競爭力＝問題競爭力＋槓桿競爭力

在網際網路時代，很多人可能都有這種感覺，從前靠資訊不透明吃飯的行業（例如仲介行業）正在快速走向沒落，包括傳統銷售行業也是重災區。

沒有核心競爭力的銷售者，恐怕在未來會遭遇越來越大的問題。

那麼新時代的競爭力是什麼樣的呢？

我總結了一個銷售競爭力公式。

銷售競爭力＝問題競爭力＋槓桿競爭力

所謂問題競爭力，是指銷售者站在顧客的角度，想一想目前的問題對他們有多重要，對方願意付出什麼代價（包括時間、金錢、其他資源）來解決。

而槓桿則能夠將問題或解決問題的力量放大。

所謂槓桿競爭力，是指銷售者放大自己創造的價值的能力。

例如，很多銷售者只有「面對面」才能與顧客進行有效談話，倘若你有出色的寫作能力，那麼透過網際網路通訊工具的交流，或者公開發表一篇文章就能搞定。可想而知，前者可能一個月只接觸幾百個顧客，而你則可以節省時間，接觸十萬甚至百萬的潛在顧客。

【不銷有謀法則】

法則 1：問題競爭力

銷售是否成功，最終要展現在顧客願意出的數字（花的錢）上。

如果問題對顧客不是很重要，那麼不管你的工作品質多麼好，獲得的回報通常難以與品質同步成長。

例如，家教行業，你是一名數學輔導老師，如果你能夠把一個在 60 分的學生的成績提到 90 分水準（衡量標準為滿分 100 分），即使收取 5 萬塊錢的費用，可能還會有許多家長慕名而來，排著隊哭喊著來報名。

反過來，如果你輔導的只是一些興趣愛好類的課程，就算做得再好，絕大多數家長也會認為，最多支付幾千塊也就差不多可以了。

道理很簡單，數學是主科，升學必考科目之一。家長都望子成龍、望女成鳳。對他們而言，孩子的數學分數太低是一個很嚴重的問題。

因此，作為銷售者，你要明白解決的顧客問題是什麼？你是否在解決一個困擾對方的大問題？倘若只是一個小煩惱，選擇錯了問題意味著選擇錯了市場，你可能會付出很多，收穫很少。

法則 2：槓桿競爭力

在網際網路時代，要使自己具備核心競爭力，你還需要掌握槓桿的力量。

對銷售者而言，組織槓桿可以使你領導團隊，發揮集體的力量。

教育培訓槓桿可以使你把同一件事做得更好。

寫作、演說槓桿可以使你更快、更低成本地讓他人了解你的想法、採取行動。

公眾媒體槓桿可以使你透過網際網路平臺更好地進行推廣、宣傳。

……

所有能推動你進步的力量都是你的競爭力槓桿，這其中，行銷技術就是最有力的槓桿，具體的行銷之道我們將在第五部分具體演繹。

第四部分　掌握新時代銷售的精髓：不學習就會被淘汰

2016 年，在全球經濟正在緩慢復甦的同時，部分國家的經濟成長依舊面臨下行的風險。

根據目前網際網路的發展速度，在未來幾年裡，隨著各種新模式的誕生及電子商務的發展，將會有更多國際品牌進駐市場，這對所有行業、企業而言都是一個強大的衝擊。不只是銷售業，越來越多的行業會在競爭中洗牌。

這意味著跟不上時代變化的「昔日銷售帝國」也將面臨被摧毀、重建的風險。若不能及時掌握新時代的銷售之道，固本培元，精進銷售，恐怕遲早要洗心革面、重新再來！

—— 卓言萬語

第十一章　準備之道：掌握銷售前期的關鍵細節

Step1：「五臟俱全」的行銷工具

銷售場景：

陳義坤是 Y 廣告公司的銷售者，他分享了自己如何拿下當地一家傳媒公司的客戶。

陳義坤說，在出發去拜訪客戶前，他就透過不同的管道了解這家傳媒公司的負責人，這位負責人性格比較開朗，經常笑嘻嘻地與人談話。

於是，陳義坤特地挑選了一身稍微淺一點顏色的西服，並繫上淡黃色的領帶，看上去莊重也不失活潑。

在走進負責人辦公室後，陳義坤先是真誠地遞上了自己特別設計的名片，然後得體地表示了對該傳媒公司的仰慕之情，這樣，負責人的話匣子就被迅速打開了，陳義坤連忙打鐵趁熱，把談話內容引至雙方合作開發廣告市場，由 Y 廣告公司提供廣告成品的方面。

為了加強自己的說服力，陳義坤特地拿出了一本公司裝幀精美的作品集，厚厚的作品集拿在手上沉甸甸地，燙金的封面看起來特別精美。接著，陳義坤打開作品集，向負責人一一陳述和解釋這些產品背後的創意流程，發揮的良好效果。

看起來，負責人的注意力很快就被吸引了，之後，談話繼續深入，負責人說起了他對產品的想法，陳義坤連忙掏出筆記本，把負責人談到的重點記了下來。這種認真精神打動了對方，他最終認可了陳義坤的公司實力，簽下了訂單。

陳義坤的成功得益於自己平常充分的累積和準備，如果沒有事先多方面的打聽和準備，也就沒有完美的臨場表現。因此，在銷售開始之前進行必要的準備，是與顧客接觸，展開銷售的重要基礎，也是拿下訂單的前奏。

你若不準備，就是在準備失敗

凡事豫則立，不豫則廢。

「互聯網＋」時代，做銷售、行銷既需要靈活、機智的頭腦，更需要萬全的準備。

為了做足準備，你要掌握適合自己運用的行銷工具，這不僅利於和顧客溝通，也能夠讓他迅速看到你的實力和信心，並且在開始行銷計畫之前，爬梳自己的內心；在準備見顧客前，打造自己的顧問形象；哪怕那些看似不起眼的小細節，都有可能是決定你最後結果成敗的關鍵。

【不銷有道法則】

法則 1：形象準備

良好的形象將帶給銷售者更多的機會。

因此，在展開銷售之前，你應該學會怎樣推銷自己，透過合適的設計工具，向顧客傳遞出自己的信心和實力。這也是銷售之前準備過程不可忽視的重要內容。

比如，你可以根據「TOP 原則」設計自己的衣著：

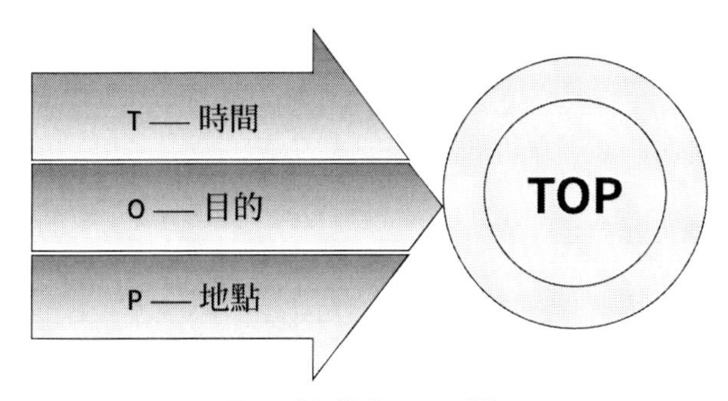

圖：形象的「TOP 原則」

T：時間

O：目的

P：地點

將上述三者結合，考慮和挑選自己的著裝；不同性別的銷售者，應當充分參考社交禮儀等讀物上列舉的著裝和禮儀原則，保持自己的形象等等。

法則 2：心態準備

樹立強大的心理素質，是成功銷售者的必要條件。銷售者應該具備足夠的信心與熱心、持久的恆心、良好的耐心。

表：心態準備的幾個方面

心態準備的幾個方面	
內容	分析
信心	信心能夠讓你找到自身所長，不再害怕失敗，敢於迎接挑戰。
熱心	熱心能夠讓顧客更加願意接受你的建議，感受到你幫助他的熱情。
恆心	恆心能夠使你保持頑強的鬥志，使你在面對顧客時，相信自己能最終說服顧客。
耐心	耐心能夠讓你恰如其分地保持談話節奏，既不會過於拖沓，也不會過於急躁。

在實際準備過程中，銷售者可以用以下方法來作為培養好心態的準備工具：

表：培養好心態的幾個方法

培養好心態的幾個方法	
方法	分析
對象暗示法	即透過想像對方已經成為信賴和配合自己的顧客，從而為他們貼上善意的標籤，以此調整自己看待和接觸顧客的方法。
自我暗示法	首先調整自己的呼吸節奏，然後告訴自己放鬆下來，並開始在頭腦中想像自己已經擁有了成功的狀態，從而帶動自己全身感覺，投入到對目標的體驗上。
自我激勵加壓法	銷售者可以準備一些勵志的語句，貼在自己的辦公桌前或者居室內，從而始終讓自己保持旺盛的鬥志和十足的動力，從而讓自己時刻處在向前進取的奮鬥狀態中。

法則 3：細節準備

銷售者在和顧客進行接觸時，不可能僅僅靠自己的口才和對方交流，必須藉助於不同的銷售工具，這樣一方面使得銷售過程充實有趣，也能讓顧客不再對銷售者有過分的擔心，從而讓銷售過程更簡單更高效。

下面這些銷售工具值得你的重點關注：

表：可以加以利用的一些工具

可以加以利用的一些工具	
工具	分析
宣傳資料	宣傳資料，包括產品樣品、機構評測、新聞報導、相同產品對比表等，其中的數字和圖片能夠提高你的銷售說服力，也可以留給顧客作為宣傳資料。
個人名片	個人名片，一張別具一格的名片，不僅能用頭銜吸引人，也能用其外表來加深顧客印象。
實用工具	電腦的使用可以幫助你展示大量資料，同時節約交流時間：除此之外，像工作筆記本、迴紋針、檔案袋、光碟、隨身碟、稿紙、票據這些常用的銷售工具也必須要配齊保持數量充足。

Step2：「步步為營」的銷售目標

不同的產品有不同的消費人群，根據不同目標人群的需求生產不同的產品，根據不同的產品特性對其針對的人群進行宣傳，銷售之路才能更加順利。

銷售場景：

聖誕前一晚，在美國一所大學的門口有一個老太太孤零零的站著。她擺了一個地攤，對過往的行人出售新鮮的蘋果。天氣非常寒冷，經過的人雖然多，但購買者寥寥無幾。

一位路過學生見此情景心生不忍，於是他想到了一個高明的方案，在與老人商量後，這個學生去附近的禮品店買了一些包裝紙和紅絲帶，把蘋果兩個放在一起包裝起來。包裝好後，學生和老人開始大聲叫賣：「情侶蘋果，象徵愛情的蘋果！」

在聖誕的喜慶氣氛包圍中，情侶組合的蘋果特別吸引人注意。為了證明愛情，也因為新鮮，很多路過的情侶都爭相購買，就算沒有跟情人一起出門，也買了一對準備回去送給心上人。蘋果很暢銷，一下子就銷售一空。

不同的產品有不同的針對人群，根據不同人群的需求製造不同的產品，根據不同的產品特性對其針對的人群進行宣傳，這樣銷售之路才能順利起來。蘋果進行包裝之後，目標客戶就得到了準確的定位，也就是為情侶準備的蘋果。是「情侶」抓住了購買者的心，蘋果只不過是一個載體。

「撒網式」銷售難以捕獲超出期待的獵物

眾所周知，石油、煤、天然氣等能源的開採，首先要進行一番詳細的科學勘察，由專業的鑽井隊和科學考察隊來完成。找到了資源的產地和儲備相對多的位置，有目標的進行開採，才能讓礦藏得到更好的利用，讓開採工作事半功倍。

大撒網是很難尋覓到超出自己期待的獵物的，尋找的過程浪費了太多的時間和精力，銷售也與鑽井相同，在開發新客戶之前，要根據產品特性來選擇目標客戶，再根據這部分客戶特點制定有效的宣傳活動，集中個人和產品的優勢與客戶展開溝通，為客戶提供優質的服務和諮詢，這樣才能得到客戶的信賴，完成訂單，獲得利潤。

目標讓人專注，專注讓人成功。

曾經有人詢問牛頓（Isaac Newton）成功的祕訣，牛頓回答：「道理其實很簡單，除了物理學，其他的事情我一概不考慮。」

我們也應該像牛頓那樣專注於自己的目標，不要去過多的糾結技巧和氛圍，要知道你的目的是簽單，而不是與客戶約會。

在日本商界，原一平被尊稱為「推銷之神」。他曾經創下世界壽險推銷最高紀錄，且 20 年未被打破。原一平只有 145 公分，其貌不揚，但是他卻創造了比他外表優秀、口才優秀的人無法獲得的成功。36 歲那年，原一平成為美國百萬圓桌協會會員，與著名的美國推銷之王喬．吉拉德（Joe Girard）齊名於世。

「全球最偉大的銷售者」喬．吉拉德曾在 12 年內成功銷售了 13,000 輛汽車，創造了世界紀錄，至今無人能夠打破。其中的 6 年內他平均每年都成功售出 1,300 輛車。

美國人壽保險的創始人法蘭克．貝特格（Frank Bettger）

也是一位偉大的推銷大師。他在保險業白手起家，開創了人壽保險的新局面。他是 20 世紀保險業的奇蹟：每年承接的保單都在 100 萬美元以上，曾 15 分鐘便簽下了高達 25 萬美元保單，創造了最短簽單的紀錄。

銷售者必須時刻明確自己的銷售目標，像每一個偉大的銷售大師一樣，為自己定個小目標，然後去實現它。

一位企業家在一個電視節目中不僅曝光了他的辦公室和他的收藏王國和商業理想，在採訪中，他耐心教導現在的年輕人說：「有自己目標，比如想做首富是對的奮鬥的方向，但是最好先定一個小目標，比方說，我先賺它個一億，你看看能用幾年賺到一億。你是規劃五年還是三年。到了以後，下一個目標，我再賺 10 億、100 億！」

隨後，這句「先定一個小目標，比方說，我先賺它個一億」在社群媒體走紅，許多人也因此被敲醒了。在普通大學生眼中，或許「賺它個一億的小目標」難如登天，正因如此，讓企業家的這句話多了幾分玩笑、戲謔的色彩。不可否認的是，目標是一座燈塔，照亮著前進的道路，指引著我們駛向遠方。

不管你正在做什麼，準備做什麼，一旦你有了銷售目標，你的行為就有了針對性，你再也不會浪費時間在無謂的事情上，你距離成功就會更進一步。

【不銷有道法則】

☐ 法則 1：尋找目標

你的目標顧客必須具有購買意向。只有當對方產生對產品的需求，有購買慾，且有購買能力，這個顧客才有可能成為你的目標客戶，最終完成訂單。強迫一個沒有購買意向或購買能力的人購買，說難聽點，無異於對牛彈琴，不管你費盡了多少心機，也不可能達到目的。

當然，那些現在沒有購買意向，但未來可能有需求的顧客也需要被關注，銷售者可以先搜尋目標人群，確定目標後，使其變成潛在顧客。

☐ 法則 2：區分目標

區分目標消費者的關鍵在於了解對方，對於潛在客戶的篩選，首先要看的就是其購買能力。

這可以大致分為三種情況：

第一種，有購買意向，購買力強。

第二種，有購買意向，也有一定的購買力，但購買力不強。

第三種，有購買意向，但暫時沒有購買力。

按照這三種情況，銷售者應該選擇不同的推銷方法來應對不同購買力的顧客。

花費在顧客身上的隱形成本，也就是除產品本身價值外，銷售者及其同事花費在客戶身上的時間和精力等，也是一種成本。如果耗費在客戶身上的成本與所得利潤得不償失，那就要再考慮一下是否有必要獲取這個顧客了。

與顧客溝通的時間過長，相當於與多位客戶溝通的時間的總和，即使這位客戶最終簽單，但是這個過程卻讓銷售者失去了更多的顧客，這其中的隱形成本就得不償失了。

銷售目標是不能用金錢來衡量的，但同樣重要。利潤來自於每一點一滴的隱形成本的節省，過多的損耗時間和精力會讓你的損失大於利潤，這就是失敗的成功。

在很多情況下，有些顧客是一次性的，他們可能是遊客，可能是偶然的消費者，儘管消費的金額很大，但往往只能消費一次，相對於那些常來但是每次消費金額都不高的客戶來說，總消費金額還是略遜一籌的。

法則 3：消費頻率

那些消費金額不大，但經常光顧的顧客或許並沒有很強的購買力，卻是忠實的品牌擁護者。這樣的人群是需要長期追蹤的，當他的消費能力提高後，很有可能會增加消費金額。所以，銷售者更應該將目光投注在這些人身上，努力爭取這類顧客。

小廟容不下大菩薩，有一些客戶價值非常大，但你所在的公司卻有可能承擔不起，你們能提供的服務往往不能讓客戶滿意，所以，貿然爭取到這樣的大客戶，反而會對公司的業務造成負荷。

在銷售過程中，銷售者應該抓住客戶的消費心理，針對顧客看重的部分制定合理目標，這樣的銷售才是有效的。與其說顧客看重價格，不如說顧客更在意的是產品的CP值，產品的實用性、使用期限和售後服務才是客戶真正在乎的。

針對這一理論，某公司在徵才的時候特意做了一個實驗。

一批行銷專業畢業的大學生前來應徵。公司把他們分為兩組銷售者，分別進行了培訓。甲組的大學生參加的培訓只強調結果，銷售者做出的一切都是為了目標服務。乙組的大學生的培訓則一直強調與顧客溝通的技巧，注意的是過程。

為期一週的培訓結束後，公司就讓這些新員工開始了實際工作。其中甲組的銷售者在與顧客溝通的過程中，始終關注著目標，所有的努力都圍繞著最終目標進行。乙組的銷售者則表現得更傾向演說家，他們對顧客侃侃而談，似乎忘記了拜訪的目的。一個月過去後，統計結果顯示，甲組的銷售者完成的銷售量是乙組的兩倍。

調查顯示，大多數顧客對於甲組的銷售者的評價是雖然善於言談，但他們能夠抓住一切機會達成目標，顧客總是被他們的精神感動，也被他們的主動性征服。對於乙組的銷售者，大多數顧客認為，他們的素養比較高，溝通的過程很愉快，但是他們似乎並不在意是否能拿到訂單，很多機會都被他們錯過了。

銷售者與顧客溝通的最終目標是什麼？簽單／促使其購買。溝通的目的是銷售，為了溝通而溝通，通常是無用功。優秀的銷售者大都能言善辯，但不是每一個能言善辯的人都能成為優秀的銷售者。

法則 4：目標分解

按照週期、時間、任務等情況，可以有很多種目標分解的方式，現在我們就按照銷售的進展情況進行目標分解：

- 透過資料的整理和分析，找到潛在的客戶。
- 透過初步溝通，與客戶成功約見。
- 包裝自己，爭取讓客戶留下良好的第一印象。
- 透過介紹和展示，讓客戶對所推銷的產品產生興趣。
- 得到客戶的信賴。
- 達成交易。

透過這個非常精細的劃分，按照這種思考方式，可以對年銷售目標和月銷售目標進行分解，把長遠目標分解成一個個階段性的小目標，再逐個實現。

第十二章　接近之道：感情投入，鎖定銷售目標

Step1：引起對方注意就成功了一半

銷售場景：

奧力文從事涼蓆的銷售工作，工作中難免在最炎熱的夏季四處奔波。一次，他來到一家公司的採購部。

「您好，我是 XX 涼蓆公司的銷售人員，我們公司最近推出涼蓆網路訂製服務。專門針對廠商宿舍，以及避暑用品。」

「哦，不好意思，我們公司宿舍還在修建中，避暑用品也是以獎金的方式發放到員工手中的。」

「哦。」由於太熱，奧力文坐在對方的空調辦公室裡，不免有些不想起來。

對方似乎也看出了奧力文的辛苦，還倒了一杯水給奧力文。

「謝謝。」奧力文訕笑，「喝完水我就走。」

「沒關係。」

奧力文拿出隨身攜帶的產品整理，對方看在眼裡。

「呵呵，有點亂，整理一下。」奧力文一絲不苟、有條有理地將涼蓆打開又重新捲好。

「看起來品質不錯，是竹子的嗎？」

「當然。」奧力文隨意地說，「我們這竹子可都是從專門的種植產地買來的。」

「你們不是外包生產？」

奧力文搖搖頭，「當然不是，我們都是自己產自己銷，想要做好做大，產品品質當然還是自己監督的好。」

對方乾脆走過來摸摸涼蓆，「真不錯，有窄一點的嗎？」

「窄一點？多窄？」奧力文沒聽懂。

「就像這個沙發這樣吧。」

奧力文比劃了一下，拿出一個涼蓆枕套，「寬度倒合適，就是有點短。」

對方也比劃了一下，的確不太合適，奧力文又拿出一個，一拼接就正合適了。最後，奧力文走的時候，將兩個涼蓆枕套留在對方的辦公室。

「我給你錢吧！」

「沒事，就當試用產品了。你覺得還有什麼問題跟我說，我回去做產品報告，也好改進我們的產品。」

奧力文回去之後，其實就把這事給忘了。結果，沒過多久，對方倒真的打電話來向奧力文說使用情況，並且表示如果奧力文的公司有此類訂製服務，表示願意訂製，替公司的辦公室沙發都換上。

跟顧客的關係建立得越友好，促成顧客購買的可能性越大。如果顧客沒有購買，那麼他會對銷售者產生補償心理。因此即使對待沒有購買意向的顧客，作為銷售人員也應當認真對待，讓顧客對產品產生關注，也就是在顧客的潛意識裡埋下了需要的種子，很容易在未來讓顧客做出購買決定。

一時不需要，不代表永遠不需要

有些顧客本身並沒有購買需求和意向，而遇到這一類的顧客也不要氣餒。

對待這一類型的顧客，不妨使其產生對所推銷產品的關注慾望。

產品他一時不需要，但不代表他永遠不需要。

讓這一類顧客對產品有個大概的認識，並且與其保持友好的關係，說不定哪一天他需要了，就會主動打電話給你。

實際上，這類顧客也是銷售者的日常工作的一部分。銷售者不妨放輕鬆一點，像朋友一樣與對方交流關於你產品的資訊，這能夠讓對方在沒有任何需要的情況與你繼續交流下去，對自身也是一種不錯的鍛鍊，更為日後的合作打下基礎。

【不銷有道法則】……………………………………

❏ 法則 1：挖掘潛藏需求

對於沒有購買意向的顧客，銷售者要學會去挖掘，幫助顧客去挖掘其潛藏慾望 —— 他們是否真的不需要這個產品。也許在聽了產品的介紹之後，顧客對產品的作用與好處深有感受，那麼他們還是會不由自主地產生需求。也就是透過掌握顧客心理，引發關注，促成購買。

❏ 法則 2：產品總會有用

任何產品都是因為被需要而被發明出來的。作為銷售人員，應當首先具有能夠銷售出任何產品的信心和雄心。堅信自己的產品能夠為顧客解決問題，滿足顧客的需求也是銷售者必要的信心。唯有如此，才可能戰無不勝。

作為銷售人員，可以有失敗，但絕不會被戰勝。即使是一開始毫無潛力的顧客，也不代表今後沒有購買需求。

❏ 法則 3：埋下慾望種子

挖掘顧客的潛藏慾望，引起關注，促動顧客的占有慾來購買。讓顧客在潛意識裡對產品的作用產生了需求感，即使他們可能對這樣產品可有可無，但是顧客認為這樣產品有用，即使不是立刻做出購買決定，但是產品的作用在顧客心裡留下影響，顧客今後還是會不由自主地產生需要這個產品的想法，至於何時產生，只是一個時間問題罷了。

Step2：讓對你有利的談話繼續進行

一位銷售營運經理對系統做了些研究後，打電話向一個銷售者諮詢他們的產品。

銷售場景 1：

顧客：「我是 B 公司的郭強東。我想多了解一下你們的軟體。」

銷售者：「是什麼讓您想到了我們呢？」

顧客：「我看過你們的網站。」

銷售者：「貴公司是做哪方面業務的？」

顧客：「為銀行業提供顧問服務。」

銷售者：「您主要負責哪方面呢？」

顧客：「我是銷售營運經理。」

銷售者：「根據您目前的了解，是否對產品及供應商有了明確的要求，如果是，可否具體說說呢？」

顧客：「我們希望是託管軟體，並且我們希望合作的供應商有與專業服務公司打交道的經驗。」

銷售者：「您這些說明對我幫助很大。貴公司評估一套系統時，背後會有些什麼樣的驅動因素呢？」

這時，顧客可能會提出一個目標，而此目標正好在公司為銷售者準備的列表上。

倘若真是這樣的話，銷售者一定要把握機會，讓對你有利的談話繼續進行下去。

銷售場景 2：

銷售者：「貴公司現在採用哪種系統，銷售經理如何評估下屬的銷售漏斗？」

顧客：「沒有正規的系統。大多數銷售經理是讓銷售人員提交表格，然後分析那些銷售機會。」

銷售者：「表格多久更新一次？」

顧客：「這要看銷售人員，不過通常是在月末，交預測報告的時候。」

銷售者：「銷售人員如何了解新分配給他的顧客在之前與公司有過哪些接觸呢？」

顧客：「因為目前沒有集中的顧客管理系統，所以主要靠前一位銷售人員做的紀錄。你能想像，要是前一位銷售人員還在我們公司，記錄的資訊可能會完整些。但如果他已經離職或者被辭退，那麼記錄的不過是三言兩語而已。」

銷售者：「有沒有出現過害你們錯失良機的情況呢？或者只能讓新接手的銷售人員自己去問顧客？」

顧客：「雖然我們的管理系統並不理想，但是我不覺得這是什麼大問題。」

銷售者：「銷售機會逐步深入之後，經理如何在銷售漏斗裡對其進行追蹤呢？」

顧客：「這主要看銷售經理。他們多數透過與銷售人員面談來追蹤重要的銷售機會。至少，經理也會瀏覽銷售人員月度預測指告中的新動態。」

這時，銷售者已經在這通電話上花了五分鐘時間。

顧客沒有提到什麼目標，因此採購週期也沒有啟動。

談話就此中斷……

談話繼續進行，銷售才不會中止

談話是一門藝術，諳熟這門藝術，讓有利於你的談話繼續進行，銷售才不會戛然而止。

在輕鬆的談話氛圍中，雙方的角色都可以淡化下來，卸掉客戶的武裝，打開客戶的心扉，從情感上征服客戶，使他能夠在不知不覺中接受你的產品和建議。

例如，你可以問顧客，他覺得要實現目標需要哪些特定的功能。顧客有可能還未將產品功能與要實現的目標相連起來，這樣就值得深入討論一下。

【不銷有道法則】

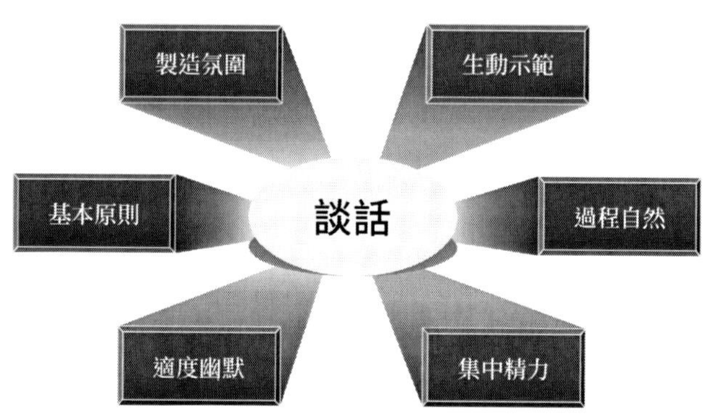

圖：讓談話繼續進行的法則

☐ 法則1：製造氛圍

在剛開始接觸顧客、展開談話時，雙方因為不熟悉，都可能會有少許的緊張，為了能夠緩和雙方的緊張和防禦情緒，在一開始就要製造輕鬆的氛圍。

銷售的真正中心是顧客，多讓顧客談論自己不但能夠獲得想要的資訊，還能夠讓他覺得你是非常在乎他的感受的。

另外，還要注意一個問題，如果想要溝通更輕鬆一些，合適的話，就應該學會直呼其名，直接叫出顧客的名字會讓溝通更具個性色彩。交談時使用他的名字，表示你很關心他，這不僅能夠使顧客覺得自己非常重要，還會使他的心裡暖洋洋的。

在和顧客溝通時，要減少商業味太濃的語言和動作，更感性地與顧客溝通。

最後，要多站在顧客的立場上，想一想顧客的關注點、喜歡的交流方式，以便自己在和顧客溝通時能夠熟練運用。

法則 2：生動示範

每個人都有好奇心，如果銷售者只是拿著產品說明書去和顧客溝通，自然沒有帶一些可以向顧客示範的道具效果要好。

因此，銷售者在和顧客談話時，最好準備生動的示範工具，如模型、幻燈片、產品樣品，甚至是微型玩具等來提高顧客的興趣，而且也能更好地介紹自己的產品。

法則 3：過程自然

如果銷售者一開始就講述許多過於陌生的知識，顧客一時理解跟不上，就會造成溝通的斷裂。因此，銷售者應該從顧客熟悉的方面入手討論，甚至先對顧客熟悉的產品的優缺點進行評價，然後再介紹產業資訊，給顧客一個理解的過程，對方自然才會願意和你溝通。

法則 4：集中精力

在和顧客進一步溝通時，也要把所有的關注點集中在顧客身上，而不是產品身上，讓顧客感覺到你是來為他解決問題，而不是來推銷產品的。

在和顧客溝通得差不多時，要針對顧客的需求設計出適合的產品或服務，並透過層層引導，最終推出你所推銷的產品，讓顧客明白你所推銷的產品是真正適合他的。

法則 5：適度幽默

如果銷售者和顧客溝通時，一個人緊張地說著，一個人緊張地聽著，這將會是什麼樣的效果？所以，銷售過程不能太嚴肅，要適當地開開玩笑，恰到好處地自嘲一番，或者稍微開一下顧客的玩笑。

氣氛緩和，顧客就不會覺得自己面對的是一個銷售者，而會覺得對方是一個努力想把好產品帶給自己的朋友。

法則 6：基本原則

在與顧客對話的過程中，要遵守以下基本原則：

表：與顧客對話時的基本原則

與顧客對話時的基本原則	
內容	分析
針對性	銷售的語言要有針對性，例如，面對不同年齡、職業、社會階層的顧客，就要使用不
	用的銷售語言。其次，要針對顧客的喜好或提出的某一具體問題，進行詳細解答，做到銷售過程更有針對性，提高成交效率。
友善	見面即是客，有的銷售人員抱著必勝的決心與顧客展開面談，如果最終碰一鼻子灰，就會大感不悅，對待顧客的態度也會因此180度大轉彎，甚至嗤之以鼻，這樣做只會增加顧客對你的反感，即使以後對你的某個產品感興趣也不會在你這裡購買。
參與	如果面談只是一個人一直在說，另一個人一直在聽，那就成了單向的溝通了。在面談期間，銷售人員一定要想辦法參與到對話中，有問有答有傾聽，面談才會栩栩如生。
誠實	有些銷售人員生怕錯過一丁點推銷的機會，於是在面談時故意隱瞞產品真實資訊，甚至欺騙顧客上當購買。殊不知，違背了誠實原則的銷售，總有一天顧客會拆穿你的偽面具，看清你的真面目，到那時就不要怪顧客「移情別戀」了。
對等	有句話說得好，人的靈魂是平等的。沒錯，如果銷售人員因為產品頂級而自認為高人一等，對顧客冷眼相待，表現出厭惡的樣子，說不定哪怕是你無心的一句話也會重傷顧客的心。

第十三章　調查之道：深入調查，建立深度了解

Step1：保持冷靜處理顧客反對之聲

銷售場景 1：

顧客：「這個問題並不是很嚴重。」

銷售者：「嗯，您的想法我非常理解，因為很多顧客都有過和您類似的觀點。同時我也有一個新的想法，就當是給您提供一個參考，您覺得如何？」

顧客：「那當然好啊。」

銷售者：「現在我們要一週之後才可以拿到自己和競爭對手的銷量明細單，然後才能做相應的價格調整，對嗎？」

顧客：「是的。」

銷售者：「大多數公司的價格和促銷活動的調整，都是以一個星期作為週期。即使我們在週五才對上一個星期競爭對手的策略做針對性的調整也是來得及的，因為週末的銷量要占到整個星期的八成左右。因此只要抓住週末兩天，就可以使得市場部的政策做到實際有效，我說得對嗎？」

顧客：「非常正確，這也是為什麼不急於做價格調整的原因。」

銷售者：「但是，還有一個問題，就像您說的那樣，週末的銷量占整個星期銷量的八成左右，如果遇到一些國定假日或連續假日，是不是那幾天的銷量就占到整個月銷量的大部分了？」

顧客：「理論上是這樣的。」

銷售者：「但是那些假日裡，銷售的時間只有短短的幾天而已。如果競爭對手做了調整，而我們的反應速度比對手的速度慢，那麼有沒有可能因為市場部調整價格和促銷活動政策太慢，而使得整個月銷量受到影響呢？」

顧客：「當然有可能。」

銷售者：「如果出現這種情況，會造成多大的損失？」

顧客：「暫時還沒有細算過，不過應該很大。」

銷售者：「也就是說，能夠及時得到市場回饋的銷量統計以及競爭對手的政策，是非常重要的，是嗎？」

顧客：「是的。」

沒有人喜歡被別人反駁，顧客也不例外。所以在顧客提出異議時，銷售者盡量不要反駁顧客或和顧客爭辯，和顧客爭辯只會讓雙方在這個問題上越陷越深，最終導致不歡而散。

化解反對之聲是對顧客的一種尊重

反對之聲是指顧客對企業的服務或產品，持反對立場的某種擔心、理由或爭論。在銷售中，我們雖然不希望出現反對之聲，但出現反對之聲並不意味著顧客不打算買，關鍵是要對反對之聲做好回應。

很多人認為，出現反對之聲可以引出一個良好的銷售形勢。

只要了解清楚顧客真正反對的是什麼，你就能更好地根據重要的需求來整理你的想法。

這當然沒有錯，但是如果你在與顧客進行溝通之前，把顧客可能出現的反對之聲一一列出，不等顧客反對就給出解決方法，不是更好嗎？

認可顧客的反對之聲可以展現出銷售者對顧客的尊重，這麼做的目的是爭取處理問題的時間，認清顧客反對之聲背後的真正原因，然後對症下藥，化解顧客的反對之聲。

【不銷有道法則】

法則 1：聽取意見

回答顧客反對之聲的前提，是要弄清楚顧客究竟提出了什麼反對之聲。

在不清楚顧客說些什麼的情況下，要回答好顧客反對之聲是困難的。因此，我們只要做到幾點：

- 認真聽顧客說話。
- 讓顧客把話講完，不要打斷顧客的話。
- 帶有濃厚興趣地去聽。

這裡值得注意的是，我們要避免打斷顧客的話，匆匆為自己辯解。竭力證明顧客的看法是錯誤的，這樣做會很容易激怒顧客，繼而使你們的談話演變成一場爭論。

▢ 法則 2：放下爭吵

不管顧客出於什麼目的而否定產品，我們都不能與之爭吵。因為爭吵解決不了任何問題，十之八九爭論的結果會使雙方比以前更相信自己絕對正確，因此你是贏不了爭論的。要是輸了，當然你就輸了；如果贏了，你還是輸了。

因為顧客已經丟了面子，不會再向你買東西了。不論爭辯什麼，你是得不到任何好處的。當顧客直接否定產品功效時，我們一定要先認同顧客，安撫好顧客的情緒。以友好的態度來對待顧客，營造出一種公平、愉快的氛圍，讓顧客感覺到自己的感受受到了重視。此時，他就會願意與銷售者溝通，從而可能有更多的機會購買。

當然，避免發生爭執並不是說應該忍氣吞聲地放棄原則和利益，遷就顧客的無理要求，事實上也根本用不著這樣。

法則 3：辨析真假

很多時候，顧客說我們的產品功效差並不是真的就差，而是希望得到優惠和降價或者為了達到其他目的。此時，如果我們不能辨別出顧客的真假異議，就會在與顧客溝通的時候南轅北轍，無法達到真正的溝通效果。當然，這需要銷售者運用敏銳的觀察力發現顧客的刁難並非真實的異議。

透過對顧客言行舉止進行認真觀察來加深對顧客的認識並掌握交流方向，是很多優秀的銷售者經常使用的一種方法。另外，積極地詢問也是找出顧客刁難我們的真實原因的一大良方，多問一些為什麼，讓顧客自己說出原因。這樣更有助於我們更好地做出判斷。

法則 4：表示肯定

直接對顧客提出的反對之聲予以反駁，很可能會造成顧客的不滿，並增加你與顧客有效溝通的障礙，那麼你不妨先對顧客提出的反對之聲表示肯定和支持，然後再透過其他方式及時予以解決。

比如下面這段對話：

銷售場景 2：

某家具經銷商：「這種衣櫃的外形設計非常獨特，顏色搭配也非常棒，令人耳目一新，可惜選用的木材品質不太好。」

某衣櫃廠家的銷售者：「您真是好眼力，一般人是很難看出這一點的。這種衣櫃選用的木料確實不是最好的，如果選用最好的木料進行加工的話，價格恐怕就要高出兩倍以上。現在這類產品更新汰換很快，不是嗎？這種衣櫃看上去已經是相當不錯了，尤其是外形設計十分時尚，可以吸引很多年輕人，訂購這種價位適中、外形獨特的衣櫃，既可以使您的資金得以迅速流通，又可以用您省下來的成本訂購其他家具。」

對顧客提出的反對之聲應先給予肯定，這種方式比較適用於那些顧客不會太堅持的反對之聲，這些意見大多是顧客作為拒絕的藉口，或者產品上的一點小問題等。

□ 法則 5：解決問題

顧客否定我們的產品功效，也有可能的確是產品本身存在問題。此時，顧客雖然指出了產品的確存在的某種劣勢，我們也不要就讓思緒跟著顧客走，而應該繼續強調產品的優勢，並要學會揚長避短地回應顧客。例如：「先生，的確，我們的這款洗衣機操作起來是有點複雜，但正是因為這樣，它有著很多其他洗衣機所沒有的功能。」

另外，如果我們由於疏忽，推薦給顧客的產品正好是存在瑕疵的產品，那麼我們要先向顧客道歉，然後再拿一款完好的產品給顧客重新試用。

總之，無論顧客對產品存在什麼樣的顧慮，我們都要加以重視，靈活應對。

Step2：滿意度調查傾聽最真實聲音

銷售場景：

某集團辦理手機內部網路業務，透過業務員張斌簽下了一份訂單，由於這份合約從時間到價格都非常有利，所以對方的採購經理王柏川感到很滿意。簽下訂單後，他笑著握著張斌的手說：「不錯，你們的服務很好。」

張斌順勢說道：「王經理，您可以去打聽一下其他企業集團辦理內部網路的價格，要不是看在您的面子，不可能有這麼便宜。」

王經理心領神會的直點頭：「嗯，我知道。」停頓了一會他又說道：「不過，我的這個號碼太不吉利，不知道能不能幫忙換成八字結尾的啊？最好，兩個八……」

張斌想了想，說：「王經理的事，就是我的事，您放心。」

很快，張斌把一張新的電話晶片卡放在王經理的桌上。雖然，這並不是合約內應有的內容，但很顯然，王經理看到這張卡的時候，笑得更加開心，滿意度也更高了。不久之後，王經理又替張斌介紹了另外一家顧客。

顧客的滿意度直接影響著銷售結果

沒有足夠的滿意度，顧客就很難受到外界的干擾與影響，產生購買慾望。反之，顧客不僅會做出購買決定，還能夠與你建立起良好的關係，作為進一步銷售的基礎。

要引爆利潤，不妨試著在滿意度方面多做些調查研究。

在調查研究的過程中，不要僅僅關注顧客付了多少錢給你（這雖然也是銷售結果的評價標準之一，但不是你銷售的最終評價標準），銷售者應該從利潤中跳脫出來，看到更多高層次的目標——其中，「提高顧客滿意度」就是重要的一項。

只有顧客滿意了，他帶給你的利益才會最大化，利潤也就會隨之而來。

【不銷有道法則】

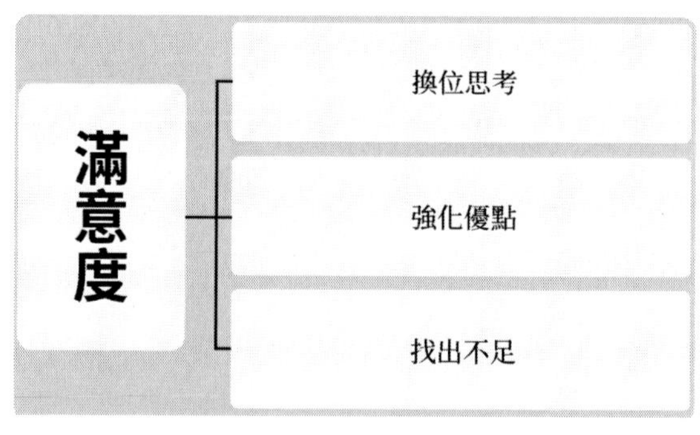

圖：提升滿意度的法則

法則 1：換位思考

你是否想過這樣的問題：顧客為什麼不滿意？

只有能夠用顧客的心態來思考，分析其利益得失，你才能夠發現問題背後真正的原因。

不妨換位思考，將自己當成顧客——事實上，所有的銷售方在另一個層面也同樣是其他銷售方的消費者。了解對方的滿意度究竟在哪些地方受到了打壓和阻礙，從而有效的解決這些銷售中的困難。

法則 2：強化優點

優點需要強化，即使顧客已經明白了產品的優勢，你也應該加以強調，從而讓顧客的內心能夠更加確認自己所獲得的實質利益，提高滿意度。

否則，粗心的顧客會認為這只是習以為常的普通特點而已，難以產生足夠的重視。正如同案例中的張斌一樣，即使王經理已經肯定了其優勢，他還是要繼續宣傳，這樣，才強化了對方的印象。

法則 3：找出不足

針對顧客的不足，你需要及時做出解釋或承諾。一味地遮蓋不足，很可能讓顧客感到你試圖欺騙他，而更加難以滿意。展現你本身的誠懇態度，才是獲取顧客滿意的良好和高效的途徑，而並非是依靠遮遮掩掩，試圖「矇混過關」，這既不是尊重顧客的表現，也不是專業銷售者應有的態度。

第十四章　展示之道：巧妙展示，無聲勝有聲的策略

Step1：讓顧客享受實惠的 FAB 法則

銷售場景：

銷售者：「先生，早安。請問您需要買電腦嗎？」

顧客指著櫃檯上的一臺電腦說：「這臺筆記型電腦多少錢？」

銷售者：「這臺售價 9,998 元。」

顧客：「貴得太離譜了！我剛才去 S 專櫃看過，同樣配置的一款電腦，他們才賣 7,000 多元。」

銷售者：「先生，我們店的這款電腦跟 S 專櫃那款不一樣。」

顧客：「有什麼不同？配置是完全一樣的。」

銷售者：「先生，您看看這臺電腦的外殼，是不是不太一樣呢？」

顧客：「不一樣嗎？我覺得差不多。」

銷售者：「這臺筆記型電腦的外殼採用的是碳纖維複合

材料，這種材料具有耐高溫、防輻射、防水防腐蝕的特點。像普通的筆記型電腦外殼，在某些情況下就會變形，但是這款電腦絕對不會出現這樣的情況，而且它的耐磨度非常高。因而這臺電腦的使用壽命比其他普通電腦要高得多。」銷售者在講解的時候，顧客不斷地點頭。

銷售者繼續說道：「先生，您再觸摸一下電腦的鍵盤。」

顧客：「手感不錯。可是，這跟其他電腦鍵盤有什麼不同嗎？」

銷售者：「普通的筆記型電腦，鍵盤下面是一片橡膠，我們在打字的時候，如果不小心敲在了按鍵的邊緣上，很難確定是不是按下去了。而且，橡膠這種材質容易老化，用幾年之後就會喪失彈性，這樣一來手感就會變得很差，嚴重的話還可能需要重新換鍵盤。」

顧客點頭道：「嗯，這確實是個問題。那麼這臺電腦的鍵盤設計是不是要比其他電腦更優越呢？」

銷售者：「是的。這臺電腦採用的都是品牌獨家的銀離子鍵盤設計，能夠很好地解決我剛才談到的問題。銀離子彈簧使用上千萬次也依然能保持十足的彈性，而且無論你從哪個角度按下去，都能獲得最佳的手感。」

顧客點了點頭：「難怪你們的電腦比其他家賣得貴了。只是，你能不能再優惠一點？」

銷售者：「先生，您買一臺普通的電腦，可能用一、兩年就會出現一些問題，那時候電腦的保固期已過，您只能花錢修電腦了。可是您也知道，電腦的修理費用一般都比較高，而且還會影響到您的工作，耽誤您的時間。這樣的話，我建議您不如買一套經久耐用、效能品質十分優越的電腦。您說呢？」

顧客：「嗯，你說得有道理，麻煩你給我一臺吧！」

很明顯，這裡的銷售者就是運用了 FAB 法則，成功促成了這筆生意。

具體而言，碳纖維複合材料和銀離子鍵盤設計，這是產品的特徵；碳纖維具備耐高溫、防輻射、防水防腐蝕的特點，銀離子鍵盤更加經久耐用，且手感非常好，這是產品的優點；保證產品品質，讓顧客沒有後顧之憂，這是產品的利益。

運用 FAB 法則專注顧客的需求

FAB 法則，也叫做「利益銷售法」，即銷售者在向顧客介紹產品、銷售政策和細節時，根據顧客的需求和購買意願，進行有針對性、有目的性地逐步引導，最後讓顧客相信你的產品能夠帶來最大的實惠和利益。

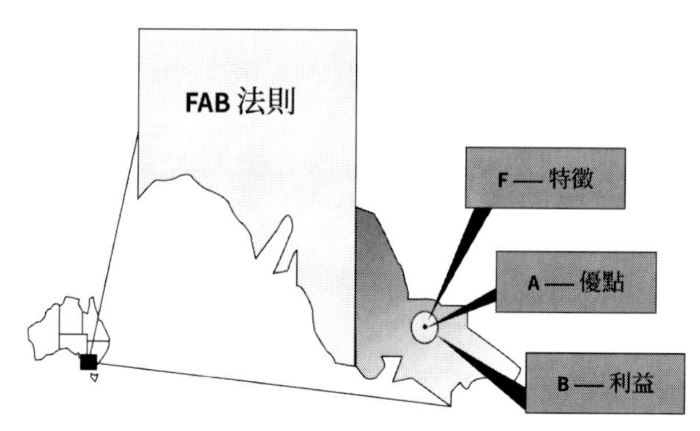

圖：FAB 法則的要義

「FAB」，對應的分別是：

F —— 特徵

A —— 優點

B —— 利益

也就是說，銷售者在向顧客推銷產品時，緊緊圍繞著產品的特徵、優點、利益來展開，透過對產品進行不同層次的分析，抓住產品的核心利益，以便於滿足顧客的不同需求，最終與顧客順利實現交易。

具體來說：

表：FAB 法則的要點

FAB法則的要點	
內容	分析
F——特徵	你的產品具備哪些特點、功能和屬性。例如，「在同等價位的手機產品中，這款手機的功能是最齊全的，外觀也比其他產品好看」。
A——優點	與其他競爭產品相比，你的產品具備怎樣的優勢。例如，「與其他同等價位的產品相比，這款相機既兼顧畫質，又便於攜帶。您剛才說喜歡輕裝出遊，我想這款相機應該非常適合您」。
B——利益	你的產品能夠給顧客帶來怎樣的利益和價值。例如，「您購買了這臺空調後，我們會安排專業的工作人員上門為您免費安裝」。

要想了解和掌握顧客的利益點，我們需要投其所好，將顧客的利益需求點與產品的特徵、優點和利益結合起來，這樣才能發揮出理想的效果。如果我們只是單純地向顧客介紹我們的產品，而不注重顧客的需求，那就無法對顧客構成太大的吸引力。對顧客來說，他們關注的不是你的產品，而是產品能為他帶來怎樣的利益，因此想要銷售成功，就必須專注於顧客的需求，一切以顧客為中心，巧妙運用 FAB 法則。

【不銷有道法則】

法則 1：主次分明

在運用 FAB 法則時，要注意對產品資訊進行有選擇性地論述，做到主次分明。如果銷售者將產品的資訊一股腦地灌輸給顧客，顧客就無法分辨你的產品具備哪些特徵、優點，能為他帶來怎樣的利益，也會因此對你的產品逐漸失去興趣。因此，當你向顧客介紹產品時，應當盡量圍繞著產品的優點和利益展開論述，將最能滿足顧客需求，或者顧客最渴望得到的東西，有技巧地向顧客呈現出來。

法則 2：實事求是

如果你的產品不能滿足顧客的需求和利益，顧客就不會購買。但是，當我們在介紹產品時，必須要站在實事求是的基礎上，不要過分誇大產品的利益，也不要肆意攻擊競爭對手的產品。

在銷售過程中，顧客一旦察覺到你在弄虛作假，出於對自身利益的保護，他們會立刻對你產生戒備心理，最終導致銷售的失敗。不同的顧客族群，他們對產品的需求也存在著很大的差異，企圖以謊言、誇張的伎倆去銷售產品，不僅會損害顧客的利益，而且對你的職業操守以及銷售口碑也會造成毀滅性的打擊。

法則 3：清晰簡潔

許多銷售者在向顧客介紹自己的產品時，總喜歡羅列一大堆專業術語，如產品的特性、材質、成分、研發技術等，但是當他們介紹完了以後，顧客對產品還是一無所知。對顧客而言，他們不是產品方面的專家，所以對一些專業方面的術語不是很理解。因此，銷售者在介紹產品時，應當盡量以清晰簡潔、通俗易懂的語言進行闡述，讓顧客聽得明白，而且要讓顧客對你的產品感興趣。

Step2：表現熱情態度拉近彼此距離

銷售場景 1：

楊麗娜年幼的時候家境不好，媽媽並不常帶她光顧商店。但有一年小麗娜過六歲的生日，楊麗娜的媽媽做出一個決定，帶小麗娜去蛋糕店買一個生日蛋糕。

「當時蛋糕店的銷售人員是一位漂亮的姐姐。」

楊麗娜回憶道，「當時她向媽媽介紹蛋糕，媽媽一遍遍地問『有沒有再小再小一點的蛋糕』，那句話讓我羞愧難當，我恨不得立刻拉著媽媽的手離開蛋糕店，寧願不要過生日吃蛋糕了。」

雙眼裡漸漸蓄滿淚水的小麗娜跟在媽媽的身後，她不知道該怎麼告訴媽媽自己的心情，只希望媽媽不要再為了讓自己吃一塊蛋糕而這樣。

「抱歉，女士，我們沒有更小的蛋糕了。」蛋糕店的姐姐如是說道。

「我只是想讓我女兒嘗一嘗蛋糕的味道，不用特別大……」

蛋糕店的姐姐沉吟了一下，繼而對小麗娜的媽媽說，「這樣吧，讓孩子嘗一嘗喜歡哪種口味吧！」

「我被母親拉扯著推到蛋糕店姐姐的面前，她拿出一塊蛋糕和一個勺子準備讓我試吃。」

「啊，張嘴。」蛋糕店的姐姐拿著裝有蛋糕的勺子對小麗娜說。

小麗娜起初堅持不肯張嘴，「快點張嘴，楊麗娜。」媽媽使勁地推著楊麗娜。

楊麗娜張嘴了，蛋糕香甜柔軟，可這第一口蛋糕的滋味卻也讓楊麗娜的眼淚流下來。蛋糕店的姐姐頓了頓，像是沒發覺一樣繼續熱情地餵楊麗娜一口又一口的蛋糕，直到最後楊麗娜發現，蛋糕店姐姐的眼睛也充滿淚水。

楊麗娜說到這裡的時候，淚水再次奪眶而出。

「其實當時經濟環境並不好，蛋糕店更不存在試吃，更何況……那位姐姐餵了我很多蛋糕，後來媽媽也說，『當時只是想讓年幼的妳能嘗到蛋糕的滋味，實際卻不知道會給別人帶去多大的麻煩』。」

「後來妳再沒見過她嗎？」我輕聲問。

「再也沒有。」楊麗娜抽泣著搖搖頭。

但是不久楊麗娜興奮地來找我，「我找到了蛋糕姐姐。」

「真的？在哪裡？」

「在另一個地區，她現在獨自經營一家蛋糕店。」

如今，楊麗娜已經成為一名頂級銷售人員。找到「蛋糕姐姐」後，楊麗娜為當年的蛋糕姐姐出謀劃策，她與蛋糕姐姐的故事傳開，很多人慕名而來品嘗「淚水蛋糕」的滋味。

也許你會說這與「熱情」有什麼關係。

要知道，正是蛋糕店姐姐二十多年前對小麗娜的「熱情」——儘管也讓她失去工作，但多年之後，小麗娜卻為蛋糕姐姐帶去了更客觀的回報。

熱情究竟有多重要？

銷售場景 2：

台塑集團的老闆王永慶，在年輕的時候曾經賣過米。

那時人們還不懂如何為客戶提供更好的服務，買米都是到市場上去買，但王永慶就親自為客戶扛到家裡，並把米親自倒入米缸中。

在倒米之前，他會先把以前的剩米倒出來，然後把米缸擦乾淨，再把新米倒進去，最後把那些舊米放在上面，這一切都不是客戶要求的，但為客戶這樣的著想和服務，使客戶非常感動。

當把米放好後，王永慶會問客戶家裡有幾口人，通常一袋米會吃多久，如果是一個月，在下個月的時候，他會按時扛一袋米到客戶家裡，問客戶是否吃完，通常客戶無論吃完還是沒有吃完，都會讓他放下，因為他們無法拒絕王永慶的這種服務熱情。

可見，顧客不僅僅是買你的產品，更重要的是買你的服務精神和敬業的態度。

奉承沒有價值，熱情才是無價之寶

中國有句俗話，伸手不打笑臉人。

笑容是熱情的首要表現，這表示你對對方的不設防；熱情還代表一種真誠，你在真心誠意地向對方介紹你的產品；熱情還表示你對顧客的一種重視，對顧客表現熱情，說明對方是我很重要的顧客。所以，熱情是有效與顧客拉近距離的方法。

熱情地介紹自己的產品，熱情地詢問顧客的需求……

真正高品質的熱情服務是從內心散發出來的一種意願。

「服」就是心服口服；「務」就是實實在在地做事。

「服務」就是心服口服為客戶實實在在地做事，並讓顧客感到快樂。很多銷售者的服務之所以讓顧客不滿意，是因為服務人員並不是非常情願地為顧客做事，只是機械地完成應該做的事情，也沒有讓顧客感到愉悅，所以這些都不是專業的熱情服務。

熱情是一種精力充沛的狀態，能夠讓顧客也受到你的感染。一同投入進關於產品的世界當中，從而對產品有更多的了解。

【不銷有道法則】

法則 1：真實內涵

熱情的方式多種多樣。其真實內涵是熱心，無論是言談舉止表現出對顧客的熱心重視，還是在介紹產品時對顧客需求的了解，這些積極的態度實際就是一種對顧客的關心，顧客感受到你的熱情，是針對自身，而非一味地推銷產品。

法則 2：具體表現

與其說熱情是銷售者在銷售過程中面對顧客時應當具備的態度，倒不如說是銷售者本身就要具有的精神面貌。這不僅是面帶微笑那麼簡單。當然，面帶微笑也是一點。另外，作為銷售人員，你的衣著你的裝扮，也影響著顧客是否決定要接受你的熱情。最後是肢體語言，熱情不是一般的單純表達，它可能要誇張一些，得體的舉止也可以讓你的顧客感到你的熱情與真誠。

法則 3：延伸效應

熱情飽滿的精神風貌會能夠很好地將顧客引入銷售中，當對方感受到你很熱情，自然樂於與你交流，這就是「參與感」，而非是「被推銷」。你的熱情讓你的顧客從一開始就感覺到愉快，你看起來那麼具有親和力，那麼有耐心，這對你與顧客之間建立友好關係是十分重要的影響，並且促使你最終順利達成銷售目標。

第十五章　獲取之道：激發購買欲，引導式的銷售過程

Step1：把顧客變成受惠者再鼓勵購買

在我們所接觸到的大量顧客中，其中有很大一部分顧客都存在著「貪利」心理。如果我們利用顧客的這種心理，給予其適當的優惠，或者在溝通的過程中做出一定的讓步，那麼整個交易就相對簡單一些。因此，我們在鼓勵顧客做出購買決定時，可以採取「受惠法」。

沒有人會拒絕好處與實惠

「受惠法」，是指銷售者透過向顧客提供優惠的交易條件，促使顧客下決心成交，從而有效地促成雙方的交易。

銷售場景：

「梁先生，如果您在本月 15 日之前購買我們的產品，我們公司將為您提供 7 折優惠。今天已經是 12 日了，希望您能及時把握住機會。」

「趙小姐，如果您今天購買這臺單眼相機的話，我可以向經理提出申請，贈送給您一個專業的相機包。」

「先生，您如果誠心購買的話，我可以再給您優惠 1,000 元，這已經是我能為您提供的最低價格了。」

在銷售的過程中，「受惠法」經常被企業和銷售者所使用，例如，在購物中心的一些促銷活動中，經常出現「買二贈一」、「清倉拋售大減價」等宣傳標語。正如我在前文中所強調的：顧客關心的永遠是自己的利益。「受惠法」最大的好處就在於，它利用了顧客求利的購買動機，推動他們做出購買決定，提高銷售的效率。此外，對一些滯銷的產品，「受惠法」能夠發揮很好的促銷作用。

到 1970 年，沃爾瑪零售店已經擴張至 18 家；1980 年，數量劇增至 276 家；而到 2001 年，沃爾瑪連鎖商店已達將近 3,000 多家。如今，沃爾瑪連鎖企業已是全球最大的零售大廠，曾多次在世界 500 強企業名單上奪冠。

有人讚嘆道：「在全世界，再也沒有比沃爾瑪售價更便宜的零售商店了。」

沃爾瑪在短短數十年間急遽擴張規模，其成功的原因就在於它採用了「受惠法」的策略——「天天低價，薄利多銷」。而這一切歸功於沃爾瑪背後強大的採購系統。

就沃爾瑪而言，其最突出的優勢主要表現在以下三個方面：

表：沃爾瑪「天天低價、薄利多銷」的優勢

沃爾瑪「天天低價、薄利多銷」的優勢	
內容	分析
流通規模大	在全球將近3000家零售連鎖店中，沃爾瑪每年的銷售額高達1000多億美元。毫不誇張地說，進入沃爾瑪就等於進入了全球銷售網絡，因為沃爾瑪採取統一的採購配送，因而採購費用比其他零售商要低很多。
固定持久的銷售戰	自建立之初，沃爾瑪就一直恪守這樣的信條:「顧客就是老闆，顧客永遠是對的。」這樣的服務承諾給顧客帶來愉悅的購物體驗。沃爾瑪一貫秉承的廉價銷售理念，也是其他零售商無可比擬的。 沃爾瑪的定價策略始終堅持兩項基本原則： 第一，盡可能地低價銷售，只要採取行動，鼓勵顧客做出購買決定，高出成本一點就可視為盈利。 第二，長期穩定地堅持這種低價策略。 事實上，沃爾瑪的很多商品都已經在市場中占據了壟斷地位，但是沃爾瑪依然將商品價格控制在顧客可承受的範圍內。對沃爾瑪來說，低價已經成為一種固定而持久的銷售策略。
傳統現代相結合	1980年代，位於美國的沃爾瑪總部已經建立了自己的商用衛星通訊系統。在全球各地的沃爾瑪分公司也都有自己的電腦系統，可以隨時全面了解各種商品的進貨、出貨、存貨狀態，所以沃爾瑪的市場管理機制很強。

與其他零售連鎖企業相比，沃爾瑪的商品售價要優惠20%。

沃爾瑪曾經專門針對商品售價做過一項調查，結果顯示：一項商品的市場平均價格與進貨價格之間的中間價，即是該商品在沃爾瑪的售價。沃爾瑪所採取的「受惠法」，真正展現了其「薄利多銷」的原則，即使自己的商品進價很低，價格空間非常大，沃爾瑪也堅持「讓利給顧客」的宗旨。

沃爾瑪建立一座新的購物廣場，在開幕宣傳單上，我們能夠明確地感受到沃爾瑪堅持低價的行銷理念：「沃爾瑪知道您的一分一毫都是辛勤工作所得。為了讓您的金錢最大限度地發揮它的作用，我們將堅持『天天低價，始終如一』，為您提供超值、優質的商品。」短短的幾句話，能夠鮮明地展現出沃爾瑪的服務宗旨和價值理念，同時又給顧客一種親切感。

沃爾瑪這種立足長遠的「受惠法」策略，使它獲得了極大的商業成功。

隨著時間的推移，沃爾瑪「天天低價」的銷售理念已經越來越深入人心，而沃爾瑪也從中獲利不菲。對於所有企業來說，低價銷售並一直保持下去，是企業賴以生存且持續壯大的不二法門。毋庸置疑，沃爾瑪在這一方面是最具代表性的典範。

對於消費者和顧客來說，都希望以最少的開銷獲得最大的價值。物美價廉是所有消費者共同追求的目標，也是他們做出購買決策的最大推動力。因此，運用「受惠法」的好處就展現在此。最後，我們在運用「受惠法」時，需要注意以下幾個問題：

表：正確運用「受惠法」的好處

正確運用「受惠法」的好處	
內容	分析
行銷手法 銷售路徑	這是企業在市場競爭中重要的一種行銷手法，也是吸引顧客、銷售出更多的產品的最佳途徑。
製造氣氛 利於成交	有利於與顧客創造良好的成交氣氛，而且可以利用優惠與顧客展開批量交易合作，無論是成交量，還是成交效率都能得到大幅度的提升。
快速推銷 達成交易	能夠較快地結束推銷並與顧客達成交易，在較短的時間內將滯銷的產品銷售出去，以促進企業的資金回籠。
感受利益 激發慾望	能夠讓顧客感受到切實的實惠和利益，激發了顧客的購買慾望，也有利於維護和增進顧客關係，為雙方實現長期合作奠定了基礎。

表：正確運用「受惠法」的要點

正確運用「受惠法」的要點	
內容	分析
從整體出發	在運用這種銷售技巧時，銷售者需要從企業的整體銷售策略出發，嚴格遵守企業促銷活動的相關規定，不能為了給顧客提供優惠而越過自己的職責和權限。
多爭取銷量	在向顧客提供優惠條件的同時，也需要顧客給予相應的回報。例如，為顧客提供10名的價格優惠的同時，也要盡量爭取讓顧客多購買一件。
真正的目的	銷售者應該明白：「受惠法」的目的在於鼓勵顧客做出購買決定，因此在運用這一銷售技巧時，應該讓顧客感受到自己是最大的受惠者。

【不銷有道法則】

法則 1：付款優惠

如果出現這種情況：顧客的購買慾望非常強烈，但經濟條件暫時不允許，而銷售者能夠承受得起分期付款的責任，這時銷售者可以在付款方式上給予顧客適當的優惠條件。

與其他幾種優惠策略相比，這種交易方式相對來說更為機動靈活，最重要的是能夠堅定顧客的購買信心。畢竟，一次性付款購買一項產品，尤其是金額較高的產品，往往讓顧客產生緊張和疑慮心理，從而使他們的購買決定產生動搖。

法則 2：價格優惠

價格優惠是最常見的，也是顧客所極力爭取的優惠條件。

顧客都喜歡物美價廉的商品，實現價格優惠的方法主要有兩種：

- 一種是在價格不變的前提下提高產品的價值。
- 另一種是在價值不變的前提下降低產品價格。

對顧客來說，在爭取優惠條件時往往傾向於後者；而對銷售者來說，應該注意的是降價的幅度不能過大，否則顧客會認為產品賣不出去，或者存在品質上的缺陷，如此一來反而對產品失去了興趣。

法則 3：售後優惠

在日益激烈的市場競爭中，隨著人們消費觀念和維權意識的提高，顧客在購買產品時不僅注重產品的品質和效能，而且更加關注產品的售後服務。

因此，銷售者在運用「受惠法」時，可以透過向顧客提供完善的售後服務承諾，免去顧客的後顧之憂，這對顧客做出最終的購買決策也能發揮非常積極的推動作用。

法則 4：其他優惠

我們在重點推銷某種產品時，可以採取這樣的銷售策略：向消費者承諾購買這種產品後，他們能夠享受到購買其他產品方面的優惠。

這樣的優惠策略既能夠對指定產品發揮推銷的作用，同時又能連帶其他產品的銷售，可謂是「一石二鳥」。

「購物商城優惠券」就是一個典型的例子：當消費者在購物網站上的訂單金額滿足一定條件後，就可以獲得金額不等的全館優惠券，消費者可以憑藉此券減免一定的金額。

Step2：想贏得顧客心先學會「打太極」

銷售場景：

李熙垣是一名手錶銷售人員，一天，一位女客人來到她的櫃檯前挑選手錶。

「我想挑選一款手錶送給我媽媽。」

「您可以看看以下幾款手錶。」

李熙垣給女客人看了幾款手錶，對方都很挑剔，不太滿意。突然顧客指著一款寶藍色錶面的手錶讓李熙垣拿給她。李熙垣卻只是拿出產品的圖片給顧客。

「不好意思，女士，這款手錶由於材質特殊，不能接受輕易地撫摸，我想您能夠理解就是皮膚的油脂會破壞這個表面的光澤。」

「這樣啊。」女客人一下對這款手錶感興趣起來，仔細詢問起手錶的材質。

「這款手錶的錶帶是玫瑰金的，其實有一款錶面是寶石紅的，只是那一款現在沒貨了。」李熙垣說著，翻到圖片頁面給顧客看，結果顧客更加欲罷不能了。

「我就想要寶石紅錶面的這一款，就是這個了，你們這還能有貨嗎？」

「我幫您查一查。」李熙垣想了想，查了查貨單，接著又開始翻櫃子。

「有了。」李熙垣在女客人的面前一個一個打開盒子，竟然找出一款寶石紅的手錶。

「太好了，我就要它了，請幫我包裝起來。」女客說著忙不迭地就要付錢。

女客買下了這款昂貴的玫瑰金手錶，歡天喜地的走了。

顧客都想要最好的產品，如果不讓顧客輕易得到它，利用「打太極」的迂迴戰術，顧客就可能會更加欲罷不能了！

學會「打太極」，讓顧客感到「名貴稀有」

心急吃不了熱豆腐，其實對顧客、對銷售人員來說都是如此。

顧客選擇產品，通常是貨比三家，這一點絕對無可厚非。而銷售人員要做的就是陪著顧客度過這個過程，尋覓到顧客需要的產品，為顧客解決問題。這個過程絕對急不得。

好的產品，需要時間的考量與驗證。那麼對好產品的選擇，也是需要時間去了解和認識的。顧客需要時間來決定是否購買產品，銷售則需要時間來讓顧客覺得產品值得購買。

在這一過程中，銷售者不妨利用顧客對產品的獵奇和稀有心理。當顧客對產品產生好奇，比如產品的效用，產品的品質等等，或者是讓顧客感到產品的稀缺性，以此「打太極」，以便促使其盡快做出購買決定。

宗旨是讓顧客感到不是銷售者在向自己推銷產品，而是很有可能這款產品自己買不到，那麼顧客就會反過來緊張起來，緊張是否能夠得到這項對自己有用的產品，顧客就更容易的對產品產生購買慾。

【不銷有道法則】

法則 1：讓顧客覺得稀有

顧客的普遍心理是，銷售人員在向我推銷產品，主動權始終在我的手裡，而不在銷售者的手裡。銷售者應該嘗試先讓顧客產生一種無法占有的危機感，讓其感受到「產品的稀缺往往是因為它足夠好」，即使不用多做解釋，顧客就可能迅速做出購買決定。

法則 2：讓顧客對產品好奇

讓顧客對產品好奇，也是引起顧客重視的方法之一。產品的材質、製作方法、功效，都可以引起顧客對產品的購買慾。而顧客對產品這個好奇的過程也就足以使顧客有耐心去了解產品，體會產品的好，這也是讓顧客最終決定購買產品的一個根本原因。

▢ 法則 3：沒有最好只有更好

顧客有一種完美心理，想要更好的，得不到才是最好的，這個時候銷售人員就要記住，顧客的完美心理，說白了也是對產品的一種猶疑心理，完美是不存在的，不是你的產品不夠好，而是顧客本身的完美心理作祟導致其猶豫。如果這個時候銷售者太過著急地向顧客推銷產品，會變得很像兜售，會讓顧客覺得反感。

▢ 法則 4：留給顧客一點時間

給顧客時間去提異議，花時間去傾聽顧客的話。讓顧客有更多時間去接觸產品，感受產品帶來的舒適，才會促使其進一步做出決定。這個時間不僅包括對產品的了解，甚至包括對銷售人員的考量，對價格的爭取，對售後的了解等等。

▢ 法則 5：留給自己一絲耐心

顧客需要時間，銷售者需要的就是耐心。

在銷售過程一開始，銷售者就需要付出耐心來拉近與顧客之間的距離，建立友好的關係，接著在產品介紹中用耐心去傾聽顧客的話，耐心解答顧客的異議，為顧客尋找問題的解決方法，最終才能促成銷售。

第十六章　成交之道：穩固關係，成交的關鍵步驟

Step1：在假意拒絕中發現成交機會

銷售場景：

一天，有位顧客的電話打到G公司總部，投訴說公司的銷售人員賀瑞琪竟然拒絕賣東西給他。總部的負責人耐心仔細地聽完顧客的敘述，表示會嚴肅處理此事。接著便打電話召集銷售部門的全體人員開會，主題是處理賀瑞琪拒絕顧客購買事件。

「賀瑞琪，跟大家說說吧，為什麼要拒絕顧客的購買？」負責人繃著臉，會議的氣氛也緊張起來。

「我……」賀瑞琪支支吾吾，「主管，你別生氣，我是有原因的。」

「哦？那你倒說說，你的原因是什麼？事情的來龍去脈，顧客已經跟我說了，他說他向你壓價，你就拒絕他了？」

「是的，他向我壓價了。」

「嗯，那據我所知，這個顧客所壓的價格也是公司可以承

受的範圍嘛。」

「我知道……」

「那你還拒絕？」

「這樣吧，我說也說不清，我現在就打電話給那個顧客，然後你就明白了。」

負責人寒著臉讓賀瑞琪打電話，並且讓所有與會人員都能聽到電話內容。

「喂，田經理，我是賀瑞琪。」

「哦，賀瑞琪啊，你終於給我來電話了，你快趕緊把我那產品發來給我吧，我這邊都等著要呢！」

「田經理，你打電話給我們總部了？」

「嗯，是的。不打電話給你們，你能打電話給我嗎？快發貨給我吧。」

「嗯，田經理，不是我不想發貨給你啊，公司是可以同意你的價格，但是公司要求要達到一定的訂貨量。」

「這樣啊，可是我第一次訂你的貨，哪能一下要這麼多？」

「田經理，您到現在還不信我？價格壓得那麼低，我說讓您考慮考慮，結果您電話都打到我主管那裡去了，要不您把價格再幫我漲回來，我立刻發貨給您……」賀瑞琪的語氣有些委屈。

「好，別漲價了，就多發點貨吧。不好，我可得退。」

「您就放心吧，田經理，那我一會就把貨發過去。」

「好，你也過來一趟吧，我把第一筆貨款給你。」

在一片祥和中，賀瑞琪掛掉電話……

從來只有顧客拒絕銷售者，沒有銷售者拒絕顧客的。如果有，那一定是某個條件觸到了銷售的利益底線，而這對顧客來說，卻是有利可圖的。所以，賀瑞琪假意拒絕田經理的「底價」，接著在「底價」的基礎上反倒使銷售量翻倍。

「勉為其難」地將產品賣給顧客

在銷售中最有意思的情況是，一開始，銷售人員跟在顧客後面推銷產品，但是在結束，顧客開始追著銷售人員後面要購買，銷售人員反而是「勉為其難」地將產品給顧客。為什麼？

首先，這有可能是產品本身的特質造成的，比如顧客沒有做出購買決定，而銷售人員在這個時候對顧客透露產品帶來的效益很高，市面上貨源吃緊，供不應求，並不愁賣不出產品這一情況時，等於是吊起了顧客的胃口，對產品效用的更高期望，從而採取果斷的購買行為。

這就是銷售人員以退為進的方式，顧客不購買？沒關係，還有其他顧客等著購買。這層購買壓力對現有的顧客產生無形的施壓，顧客很容易就購買了。

其次，銷售者會在推銷產品的過程中不斷地對顧客進行觀察，顧客流露出哪些要購買產品的跡象，而在銷售尾聲，當顧客決定購買產品，並就某些方面向銷售人員提出條件時，銷售人員表現出猶豫甚或隱隱地棘手、否決，這讓顧客感到似乎抓住了一定的利益，占了便宜，心裡更決定是要購買了。

【不銷有道法則】

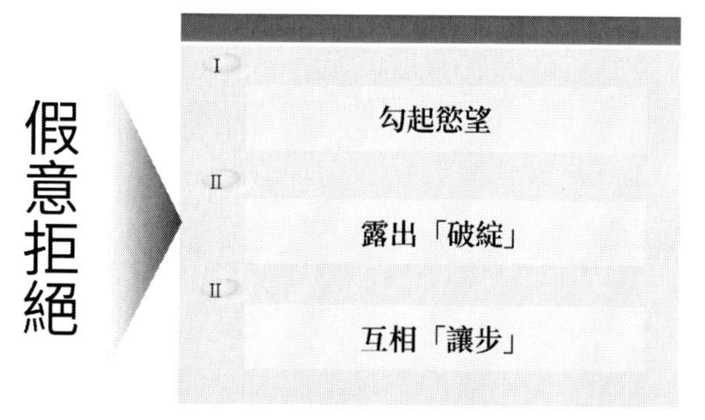

圖：假意拒絕的法則

法則 1：勾起慾望

勾起顧客的購買慾，就是給顧客自主占便宜的機會。讓顧客自以為發現了你的漏洞，在占你的便宜，這會讓對方在銷售過程中，有一定的成就感。同時讓對方覺得，作為銷售人員的你，竟然也會讓顧客占去利益（尤其是價格上的實惠)，顧客就會有一種占到便宜的感覺，這時極易挑起對方的購買慾。

法則 2：露出「破綻」

銷售中給顧客一定的優惠，在顧客眼裡往往是天經地義的。如果能在利益上適度地「示弱」，顧客就會覺得占到了便宜。

所以不妨看準時機，故意露出「破綻」給顧客看，讓顧客覺得搶占了先機，從而推進後續銷售。

法則 3：互相「讓步」

所謂互相「讓步」，是故意讓顧客占了便宜之後，再反過來要求顧客再做讓步。

例如，顧客要求價格再低一點，那你可以反過來要求顧客的購買數量高一點，以達到平衡。顧客知道你願意讓他占便宜，出於補償心理其實或許會增加訂單量。

Step2：談情說利及時套牢你的顧客

銷售場景 1：

顧客：請問這款可以線下直接取貨嗎？

銷售者：您好，有現貨，可以直接取貨。

顧客：好，再問一下，這款產品有幾種顏色？我怕買回去家人不喜歡。

銷售者：顏色都在產品說明裡寫著，您最好親自到相關網頁檢視一下！

顧客：我是說，是否還有其他的顏色可供選擇？

銷售者：您要是不喜歡，可以到瀏覽主頁仔細看看我們的宣傳冊？

顧客：我就是因為不想看才來問你的！

銷售者:顏色的選擇是因人而異的，就好比買衣服一樣，有的人的身材就是有的地方胖一點，有的地方瘦一點，所以還是您自己看吧！

顧客：算了，我先不買了……

顧客對產品的顧慮，有一些是客觀存在的，而有一些則很有可能是由於心理作用所致，或看了其他對手的產品產生疑問。

作為銷售者，應該主動發現讓顧客產生顧慮的原因，並盡可能地向對方展示購買本款產品可獲得的實際利益，這樣才能避免顧客「半路跳車」，留住顧客。

銷售場景 2：

有一次，一個顧客足足聊了 20 分鐘關於某產品的問題，而且還不斷地向梅曉曉詢問「你看……」、「你再看……」

梅曉曉終於爆發了，抓狂地說：「您到底想不想買？有這時間我都已經多賣出好幾件了！」

顧客一聽也不樂意了：「我是客人，我有疑問，你就應該為我服務，不然你還做什麼生意呀？」

就這樣，兩人又足足吵了 20 分鐘，最終也沒有個結果就散了……

其實，買賣雙方的關係並非是對立的，而是互惠互利的關係。所以在最後關頭和顧客溝通的時候，也應該像和好朋友交心一樣，確保雙方在一個融洽的氛圍中贏得共同的利益，這樣對方的體驗指數也會有所提升。

想留住顧客，就要適時地與對方談情說利

成交是一種機率。

再頂級的銷售人員都不能保證每次的銷售都會成交。尤其在顧客選擇越來越多樣化的今天，哪怕到了最後的成交關頭，顧客也可能隨時因為一個小細節、小顧慮而「跑單」。

在考慮是否購買時，絕大多數的顧客秉持著對自己負責的態度，或多或少都會對產品的描述、銷售者的介紹等事項心存疑慮。

如果你對這種疑慮處理得不夠好，恐怕原本帶著幸福感來購物的顧客反而會變得忐忑不安，挽留不住顧客的心。

眼看就要煮熟的鴨子，一不留神就可能飛走了。

銷售者們只有試著與顧客談情說利，才能留住顧客，促成完美的交易。

【不銷有道法則】

法則1：打利益牌

通常情況下，顧客「半路跳車」有兩種可能性：

第一種是顧客擔心你賣的產品有問題，這時你就要及時向顧客承諾，產品是經過認證的，並間接地指出只有你的通路銷售的才是正品。

如果是透過網路平臺銷售，就可以根據事實指出線上產品的優點及線下產品的不足，例如，因為線下商店的攤位、服務人員的薪資、代理費等等成本費用較高，售價就要貴很多，但網路上就不需要這些額外的費用，所以價格相對較低，卻同樣是正品。

第二種是顧客擔心東西買回去之後不滿意或尺寸大小不合適、顏色不喜歡，這時你可以先建議顧客參考其他購買者的規格，並向對方保證，及時發現不合適可以隨時換貨，這樣對方就會替不安的心理上一個保險。而現實是，只要買了回去，顧客為了避免麻煩，通常不會輕易找銷售者換貨，當然，前提是你的產品沒有為對方造成太大麻煩。

法則 2：打情感牌

顧客之所以會有忐忑不安的感覺，除了是對產品不放心，也很有可能是對銷售者本人不放心。

如果是銷售者新人，其信譽度就要更低。

所以，在成交階段，被人懷疑也是難免的。

那麼，你就應該學一點「攻心術」了。

我所認識的很多銷售者中，他們和顧客溝通的目的總是在一個「錢」字上，在還沒有贏得顧客信任之時，就和他們在一點利益上糾纏不清，這樣的做法不但傷了和氣，還會令對方更加不信任你。先爭取和顧客交個朋友，當對方把你當成朋友一樣信任時，自然對你的產品印象也會好起來，從而甘願成交。

法則 3：聽到看到

顧客拒絕成交，有時是因為模糊了需求。

在與客戶交流時，你不僅希望你的客戶能夠聽到，同時也希望他們能夠「看」到你說的話。客戶在頭腦中「看到」才會有感覺。如果我說：「你現在手裡正拿著一個綠色的檸檬，你用刀切開，然後拿起一半放在你的嘴邊，你用力一擠，綠色的檸檬汁滴在你的舌頭上。」說到這裡，你是否有種酸酸的感覺？

無論是真實的還是想像的，只要能讓客戶「看到」，他就會產生感覺。感覺改變了，需求也就產生了，這時再抓住機會促其決策，成交機率自然就高一點。

第十七章　跟進之道：持續追蹤，完成銷售的最終階段

Step1：有效追蹤建立長久客戶關係

銷售場景 1：

有一位資深銷售者，在一家水處理裝置公司工作。

有一次，他得知外地一家大公司準備採購一批水處理裝置，於是他向這家公司發送了產品介紹。

三天後，他打電話給這家公司採購部經理，詢問是否收到他的產品介紹（第一次追蹤）。

一週以後，他又打了第二次電話，說他的公司最近又增加了一些新型產品，他這兩天正在整理新資料，問對方是否願意接受他的新資料，對方當然表示願意（第二次追蹤）。

兩天以後，他將新資料傳真到採購部辦公室，緊接著他又打電話，詢問傳真的內容是否清晰（第三次追蹤）。

又過了一週，他打電話詢問對方是否有意見回饋，需不需要他做進一步詳細的說明（第四次追蹤）。

該銷售者專業的追蹤工作讓這家公司留下了深刻印象。

雖然該公司採購部已收到多份產品資料，其中包括實力很強的其他公司，但採購部經理還是邀請他前來洽商。最後，經過一番討價還價，雙方很快達成了購買意向。

客戶做出交易決定對於銷售工作來說無異於一次躍升，但並不意味著交易就已成功了。因為從做出交易決定到最終達成交易往往還需要一定的時間，這中間有很多可變因素，客戶發生變化或者變卦的可能性依然很大。

所以要想最終完成銷售必須注意追蹤工作。追蹤工作會使顧客對你印象深刻，同時能加強他們交易的意願。此外還可能為你帶來意外的收穫。

銷售場景 2：

一位顧客在仲介人員的幫助下買了一間大房子。

房子雖說不錯，可畢竟是價格不菲，所以總有一種買貴了的感覺。

幾個星期之後，房地產仲介打來電話，說要登門拜訪，這位顧客不禁有些奇怪，因為不知他來有什麼目的。

星期天上午，仲介來了。一進屋就祝賀這位顧客選擇了一間好房子。

在聊天中，仲介講了好多當地的小故事。又帶顧客圍著房子轉了一圈，把其他房子指給他看，說明他的房子為何與眾不同。還告訴他，附近幾個住戶都是有身分的人。一番話，讓這位顧客疑慮頓消，得意滿懷，覺得值得。

那天，仲介表現出的熱情甚至超過賣房的時候。他的熱情造訪讓顧客大受感染，這位顧客確信自己買對了房子，很開心。

一週後，這位顧客的朋友來家裡玩，對旁邊的一間房子產生了興趣。他自然介紹了那位房地產仲介人員。結果，這位仲介又順利地完成了一筆生意。學會追蹤客戶，慢慢地你會累積下一大群客戶資源。

追蹤客戶是指銷售工作中工作人員在成交後繼續與顧客來往，並完成與成交相關的一系列工作，以便更好地實現銷售產品的行為過程。只有追蹤客戶，才能為客戶提供良好的服務，維繫與客戶之間的關係。因此，顧客追蹤工作也是一項十分重要的工作。

有效追蹤是跟進客戶最有效的辦法

例如，第一次交易完成後，你應該及時打電話給你的客戶，向他致以謝意，同時詢問對方對你的產品和服務是否滿意。

美國專業行銷人員協會曾做過一個統計，結果得到如下資料：2%的銷售是在第一次接洽後完成；3%的銷售是在第一次追蹤後完成；5%的銷售是在第二次追蹤後完成；10%的銷售是在第三次追蹤後完成；剩下的 80%的銷售是在第 4 至

11 次追蹤後完成。

80%的銷售者在追蹤一次後，就不再進行第二次、第三次追蹤了。少於 2%的銷售者會堅持到第四次追蹤。所以，想要做一個成功的銷售者，你必須學會追蹤。

有個人看到徵才廣告，在招募截止的最後一天，他向這家公司投了他的履歷。

最後一天投履歷的目的是使他的履歷能放在一堆應徵資料的最上面。一週後，他打電話來詢問是否收到他的履歷(當然是安全送達)。這就是追蹤。

四天後，他打第二次電話，詢問公司是否願意接受他新的推薦信，這家公司的回答當然是肯定的。這是他第二次追蹤。又過了兩天後，他將新的推薦信傳真至這家公司人力資源部的辦公室，緊接著他的電話又跟過來，詢問傳真內容是否清楚。這是第三次追蹤。這家公司對他專業的追蹤工作印象極深。最終，他如願以償地成為了這家公司的一員。

在銷售工作中，進行多次追蹤的重要性是不言而喻的，至少，這會使準客戶更容易記住你。如果你有幾個實力相當的競爭對手，有時僅僅因為你追蹤的次數更多，一旦準客戶決定購買時，第一個就會想到你。

【不銷有道法則】

法則 1：建立檔案

在初次與客戶面談時，也許你已經初步了解了客戶的要求，但這還遠遠不夠，你需要建立一份詳盡的客戶檔案並且要在客戶追蹤的過程中不斷地調整。只有這樣，你才能知道該重點追蹤誰，他真正需要什麼，該從何處打動他。

表：建立檔案的要點

建立檔案的要點	
內容	分析
立刻填表	無論成交與否，每接待一位客戶後，應立刻填寫客戶資料表。
記錄在案	將客戶的一系列資料，如姓名、電話、地址、職業、性格特徵、看房訊息回饋等記錄在案。客戶資料應認真填寫，越詳盡越好。
分析原因	包括客戶的聯絡方式和個人資訊、客戶對房源的要求條件和是否成交的真正原因。
詳細記錄	將與客戶的每一次接觸過程盡量詳細記錄，以便掌握客戶的相關情況。
分類填寫	根據成交的可能性，將其分為很有希望、有希望、一般3個等級認真填寫，以便日後追蹤客戶。
及時調整	客戶等級應視具體情況而進行階段性調整。

法則 2：及時交流

網際網路使交流變得更加容易，但卻常常造成人與人之間直接接觸機會的喪失。如果某些問題的解決需要你與客戶面談的話，你就應該發個電子郵件給客戶向他表示，你希望與他直接面對面交談，或者約好時間到他的辦公室見面。

法則 3：提供服務

你可以寫信給你的客戶，或者打電話給他們。

不論採取什麼方式，關鍵是要鮮明地向他們表達，你的公司可以為客戶提供一流的服務。如果你從來不向客戶講述你為他們做了什麼，他們就可能不會注意到。向客戶談論你為他們所做的工作並不是一種自吹自擂的表現。當你為客戶處理文字工作、延聘律師或認真檢查貨品裝運情況時，別忘了打個電話告訴你的客戶，讓他們知道你在為他們操辦這一切。

法則 4：使用策略

策略不當會出現負面效果，比如注意兩次追蹤時間間隔，太短會使客戶厭煩，太長會使客戶淡忘；每次追蹤切勿流露出成交渴望，調整自己的心態，試著幫助客戶解決他關注的問題，了解你的客戶最近在想什麼，工作進展如何，每次拜訪前要找一個合適的理由等等。當然，最重要的是形成自己獨特的追蹤方法，這樣你一定會提升銷售業績的。

法則 5：表達情誼

及時向你的「常客」寄送生日卡、週年紀念卡、節日卡，並簽署上你的名字。禮品也是售後服務的一種工具。無須花一大筆錢表示你對客戶的關心，運用你的創造力，向客戶送一些能引起他們興趣的小禮物，這對增加你的業務大有裨益。

Step2：重視顧客身邊的潛在客戶

銷售場景：

曾在洗衣機行業中處於領先地位的 A 集團，之所以能使自己的產品居於同類產品的銷量之首，這不僅源於他們先進的技術和品質的保證，更重要的是他們向顧客提供了滿意的售後服務。

A 集團曾經做過詳細的市場調查，發現了一個重要的公式：

服務好一個老顧客，就可以向 25 位潛在顧客帶來好的評價和影響，而且在這 25 位顧客中會有 8 人產生購買的慾望，在有購買慾望的 8 人中，會有一人做出購買的實際行動。也就是說，只要你服務好一個老顧客，就會產生一名新顧客，以此類推，就會有更多的潛在顧客和更多的實際顧客，因此 A 集團的口號是：服務第一，品質第二。

客戶是企業利潤的來源，沒有客戶就沒有市場，也就沒有企業生存的條件了。但如今已經不是過去那種「酒香不怕巷子深，皇帝的女兒不愁嫁」的時代了，企業無法天天坐在店裡等著顧客來向自己買東西，大多數企業只有不斷去尋找、去挖掘自己的客戶才能獲得生存和發展。

在高度開放、分享至上的網際網路時代，挖掘顧客身邊的銷售對象。

在分享至上的網際網路時代，很多客戶都願意和身邊的親戚、朋友、同事甚至是不熟識的陌生人，分享自己的一些購買經歷。他們既可能鼓勵周圍的人去購買、使用那些他們認為好的產品和服務，也會現身說法勸阻他人放棄那些他們認為不好的產品與品牌。事實上，客戶的這些購買經驗與體會，無論是好還是壞，都對身邊的人有著非常大的影響。

這種一傳十、十傳百的資訊傳播方式，看似很原始，卻在現實生活中發揮著強大的力量。它既可以為公司和銷售者帶來更多的新客戶、更出色的業績，也可能產生以訛傳訛的負面效果，替公司帶來損失。因此，每個公司及其銷售者都應該重視每一位客戶，努力提供更優質的服務，讓客戶從中受益，最終形成良好的口碑效應以及源源不斷的客戶資源。

【不銷有道法則】

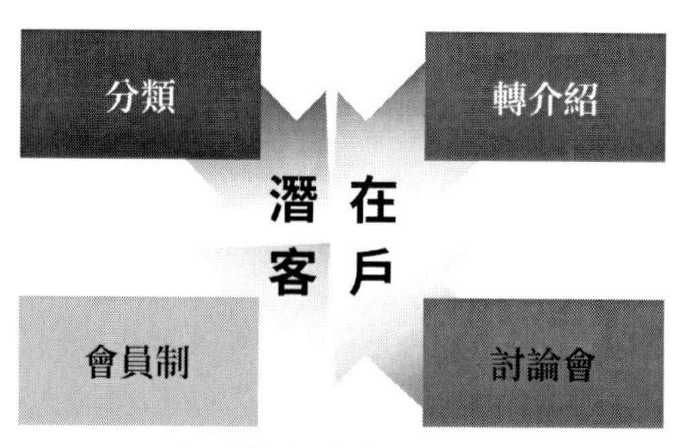

圖：挖掘潛在客戶的法則

法則 1：進行分類

對自己的客戶進行分類，分清主次，選擇相應的客戶類型，並結合產品的特點探尋客戶的基本需求或者激發客戶的需求，再以合適的方式和方法進行針對性的宣傳和挖掘。

以前，對於顧客的挖掘，行銷方式主要採取地毯式登門拜訪，但如今可謂是五花八門，如電話行銷、簡訊行銷、傳真行銷、網路行銷、展示行銷等。當然每種行銷方式都有自己的公式和方法。

法則 2：重視轉介紹

客戶有新客戶與老客戶之分。

統計顯示，老客戶是企業穩定收入的主要來源，是企業發展的基石。可以說，重視客戶的轉介紹對企業的長遠發展有著非常重大的影響。銷售者要把自己的工作做細、做到位，在實踐中履行自己的承諾，為客戶提供優質的服務，獲得客戶信任並與其建立長久穩固的合作關係。這樣，老客戶才會願意向他們周圍的人推薦公司的產品，帶來潛在客戶。

法則 3：採取會員制

客戶為什麼要成為你的會員？為什麼要關注你的企業？為什麼要購買你的產品？這是在做會員行銷前必須想好的三個問題，只有解決這三個問題，才能切中會員行銷要點。會員行銷的關鍵是提高客戶黏性，並持續化、常態化。

表：建立會員制的關鍵

建立會員制的關鍵	
內容	分析
利益是核心	客戶成為會員能得到什麼利益？客戶使用你的會員卡，有什麼優惠？客戶上你的網站和賣場，能得到什麼特殊體驗？
互動是關鍵	互動要解決會員參與銷售的問題，即會員黏性。互動的平臺可以包括家具賣場、網站手機、會刊等，家具賣場要為會員提供及時、有價值的產品，解決會員的疑難問題、投訴等。還可透過定期舉辦培訓班、聯誼會、促銷優惠活動資訊、積分兌換活動、抽獎活動、旅遊活動等有意義的活動，才能發揮「黏住」客戶的作用。

法則 4：專業討論會

越來越多的公司為了更有效地找到潛在客戶，經常舉辦一些專業的討論會，因為參加討論會的聽眾基本上是合格的潛在顧客。但想掌握好此種方法也有很多值得注意的地方。例如，對於地點的選擇，如果要想最大限度增加到會人數，應選擇諸如飯店、社區活動中心或大學等中性地點；對於時間的選擇，應注意適當原則，不宜過長也不宜過短，太長了人數會減少，太短了可能與潛在客戶溝通機會少；對於討論會上的發言，則應具備專業水準，也需要布置良好的視覺環境、裝設高品質的聽覺裝置等。

第五部分　網路時代的銷售：五大獨特銷售技巧

近幾年，「互聯網＋」的概念聲名鵲起。幾乎所有企業都在思考怎樣才能讓「互聯網＋」在自己所處的行業、自己的企業中有所發揮。對於銷售業的從業者而言，更是希望透過借勢「互聯網＋」來尋找新的成長點。然而，要真正做好這件事就越不能急，由於銷售行業受傳統思想和習慣影響較多，在擁抱網際網路技術、轉型的過程中也沉重許多。

目前，市場上關於「互聯網＋」概念的書已經很多，想要了解更多「互聯網＋」的知識，你大可以查閱相關書籍。無論「互聯網＋」如何延伸，若想贏得銷售、不推而銷，落腳點依舊在銷售本身。在時代潮流的推動下，我們不僅要堅守初心，更要回歸銷售本質，用技術武裝自己，才能在變幻莫測的未來，更懂得借勢，走得更遠、更長久！

—— 卓言萬語

第十八章　顧問式：把話說出去，把錢收回來

Step1：SPIN 技術——讓你如虎添翼的行銷利器

顧問式銷售，是指站在專業角度和客戶利益角度，提供專業意見和解決方案以及增值服務，使客戶能做出對產品或服務的正確選擇和發揮其價值。

銷售場景：

高凱恩是一家節能裝置公司的銷售者，以下是他的電銷內容。

高凱恩：請問貴公司安裝節能裝置了嗎？（背景問題）

顧客：還沒有。

高凱恩：那貴公司每年電費大概是多少？（背景問題）

顧客：1,000 萬元左右。

高凱恩：在貴公司所有的開銷中，電費支出占多大比例呢？（背景問題）

顧客：除了人工開銷和原材料，就是電費了，排第三位。

高凱恩：聽說貴公司在控制成本方面做得相當不錯，那麼在實際操作流程中有沒有遇到什麼難題呢？（難點問題）

顧客：當然，每個公司都希望利潤的最大化，我們也不例外，但我們的前提是在保證產品品質和提高公司職工待遇。所以，在控制人工和原材料的成本方面，我們下了很大工夫，也獲得了一定效益。但在控制電費方面，我們目前尚未找到可行的辦法。

高凱恩：那是否意味著貴公司即使是在用電尖峰期也要照常繳電費呢？（難點問題）

顧客：當然，特別是每年夏季的電費高得驚人，但我們卻想不出可以用什麼辦法省電的辦法。但其實那幾個月我們的電量也沒比平時增加多少。

高凱恩：除了電費較高，貴公司是否注意到那些日子的電壓也不是很穩呢？（難點問題）

顧客：確實如此，大家總是反映那幾個月電壓一般偏高。

高凱恩：電力部門通常在供電時會以較高的電壓傳輸，因為這樣就能防止用電尖峰期電壓不足及減少供電線路的損耗，那麼，您想想，電壓偏高對貴公司電費的支付意味著什麼呢？（暗示問題）

顧客：那當然會增加我們實際的使用量，無形之中增加我們的電費開銷。

高凱恩：您再仔細想想，除了支付額外的電費，電壓不穩對貴公司的裝置有什麼影響呢？（暗示問題）

顧客：溫度升高時就會縮短裝置的使用壽命，這在無形之中又會增加維護和修理的工作量和費用。甚至可能直接導致裝置壞損，那樣生產便不能正常進行，全線停產也是有可能的。

高凱恩:那麼是否有因電壓不穩損壞裝置的情況發生呢？對貴公司造成的損失有多少？（暗示問題）

顧客：當然有，去年就發生了兩起，最嚴重的一次是燒毀了一臺大型解壓機，直接損失高達 80 萬元。

高凱恩：如此看來，節約電費對貴公司控制成本非常重要？（需求－效益問題）

顧客：正是這樣，如能減少這一項支出，那就意味著我們的效益會大大增加。

高凱恩:那麼，穩定電壓對你們來說是否意義更為重大？（需求－效益問題）

顧客：當然啦，這不僅可以保持生產的正常執行，還可以延長我們裝置的使用壽命，從而大大提高全公司的效益。

高凱恩：透過您的話可以看出，貴公司對既能節約電費又能穩定電壓的解決辦法最為歡迎，對嗎？（需求－效益問題）

顧客：的確，這對我們來說相當重要，我們急需解決電費驚人和電壓不穩這一問題，這樣才能使我們降低成本增加效益，另外還可以減少事故發生的頻率，從而延長裝置的使用壽命，使我們的日常工作正常執行。(明確需求)

從高凱恩一步步的引導，顧客明白了自己的問題與需求，所以當高凱恩說出有這樣一種節能又穩定的電力支援裝置時，顧客立刻就非常認同，顧客認同高凱恩帶來的效益，並且對高凱恩所說的產品作用簡單明瞭，那就是顧客的需求。

顧問式銷售的重要技術：SPIN

在顧問式銷售中，有一個重要的模式是 SPIN 技術。

SPIN 模式是由美國 Huthwaite 公司的銷售顧問專家尼爾·拉克姆 (Neil Rackham) 與其研究小組分析了 35,000 多個銷售例項，與 10,000 多名銷售者一起到各地進行工作，觀察他們在銷售會談中的實際行為，研究了 116 個可以對銷售行為產生影響的因素和 27 個銷售效率很高的國家，耗資 100 萬美元，歷時 12 年，於 1988 年正式對外公布的。

這期間他測量了經 SPIN 培訓過的第一批銷售者生產率的變化，結果顯示，被培訓過的人在銷售額上比同一公司的參照組的人提高了 17%。

在扮演顧客顧問，探詢顧客需求時就可以遵循 SPIN 模式，其概念是：

表：正確理解 SPIN 的概念

正確理解SPIN的概念	
內容	分析
S（Situation）背景問題	銷售者在與顧客面對面銷售的時候，必須了解顧客現在的狀況，即顧客的需求和需要解決的問題。然而，顧客可能不會主動說出來，這需要銷售者得體的詢問。可以就其他同類產品的使用情況詢問顧客的使用感受，從而找出癥結所在。 需要注意的是，作為銷售人員，我們是想主動掌握顧客的情況，但可以提問，卻別問太多，盡量讓顧客把話說完，即使問問題也可以針對顧客說的話請求顧客再多解釋，以便讓自己理解。
P（Problem）難點問題	這個要點是詢問顧客現在的困難和不滿的情況。例如： 您的電腦運行速度如何？ 您的電腦處理速度理想嗎？ 現在的顯示螢幕效果如何？ 現在連線速度是否理想？ …… 在這裡需要注意的是，直接針對顧客困難提出問題要建立在先了解了現狀，互相有一定信任的情況。不然既不能保證問到核心問題，又很容易讓讓顧客反感。這個過程只是銷售流程中的一個部分過程，並非直接的促成銷售。
I（Implication）暗示問題	這是引發顧客對自身問題思考的過程，只有先引導顧客由自身出發，才好引導顧客向產品的價值出發，顧客也才會覺得產品於自己是有用的。可以首先讓顧客設想一下，問題會帶來的後果，接著就此引發更多的問題，這個時候顧客才會積極採取行動，也才會反過來要求了解你的產品。 需要注意的是對顧客困難問題的發掘，涉及隱私，一個處理不好就容易適得其反，並且不要信口開河，只是要引起顧客自己去思考就可以了。顧客會自動把後果告訴你，其實他們都知道，只是不更改。
N（Needspay）效益問題	釋放顧客的需求與期待，將顧客把注意力從問題轉移到解決方案上，讓顧客感到你所提出的解決方案是可行並有好處的。這個地方銷售者提出的問題必須使顧客有購買的意願你的問題得是有價值的，這時候顧客才對你的產品才會產生一種新的期望和樂觀的想法從而使他願意讓你來為他解決問題。

【不銷而銷法則】

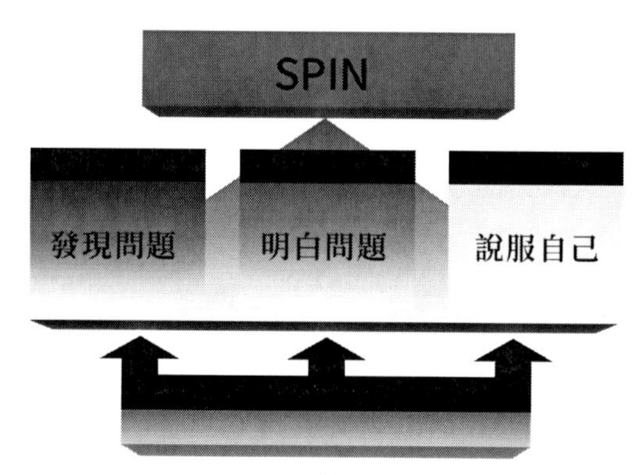

圖：SPIN 技術的應用

法則 1：發現問題

其實在大多數情況下，顧客對待自身的問題，內心有一個答案。可這個答案正如顧客對自己的問題不清楚一樣，顧客在未明白意識到自己的問題之前，也無法具體給出答案。而銷售者要做的就是幫助顧客弄清楚來龍去脈。在了解問題上，銷售者要引導顧客去發現問題。

法則 2：明白問題

在尋找解決方案的過程中，銷售者要幫助顧客去明白問題，接下來則是要引導顧客圍繞產品去尋找解決方案，不然銷售就是無意義的。銷售是有針對性的，銷售者在銷售過程自然也是有針對性的，要引導顧客圍繞產品來思考方法。

法則 3：說服自己

其實，SPIN 中的 N 還包含一個傳統銷售所沒有的非常深刻的含義。事實上，顧客做出購買決定一定是自發的，銷售者對明確價值的提問向顧客提供了一個自己說服自己的機會——當顧客自己說出解決方案，也就是你的新產品將為他帶來的好處時，他已經說服了自己去購買你的產品，那麼顧客購買產品也就水到渠成了。

Step2：運用 SPIN 技術的「6W3H 人體樹」模型

所有的銷售行為都是需要問問題的，SPIN 就是最好的問問題的工具。

然而，要想運用好 SPIN，就需要把「6W3H」作為問的開門者。

銷售顧問必須具備現代行銷理念的思考方式，用現代行銷的語言與顧客溝通，利用「6W3H」問題模型設計的基本方法了解顧客的需求，挖掘顧客面臨的問題，從而實現雙贏，這就是「6W3H」。

「6W3H」開啟銷售提問的大門

「6W3H」中的「6W」分別代表：

- Who——誰

- When —— 何時
- Where —— 在哪裡
- What —— 什麼
- Why —— 為什麼
- Which —— 哪一個

「3W」分別代表：

- How to —— 如何
- How much —— 多少
- How long —— 多久

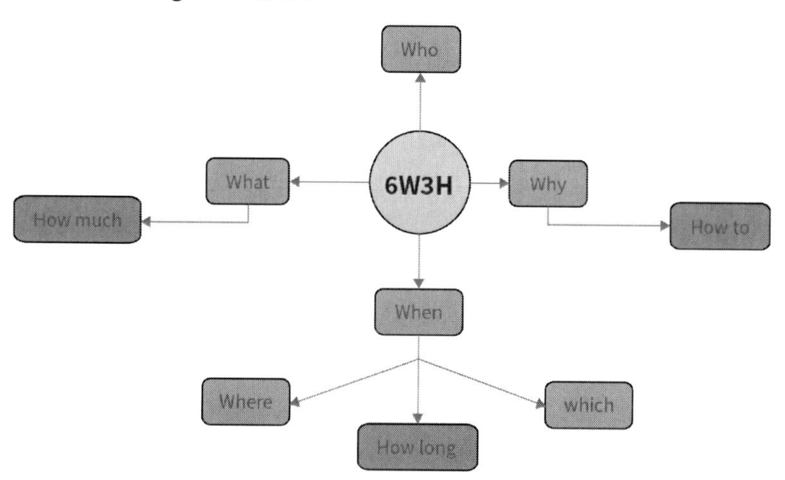

圖：「6W3H」人體樹模型

表：6W 的具體涵義

6W的具體涵義	
內容	分析
Who——誰	是指促成目標實現的相關人物。 問：這輛車是你自己親自開還是雇用司機開呢？ 問：你是自己購車還是幫公司購車呢？ 問：除了你，還有誰會來決定購買呢？
When——何時	是指您要什麼時候完成目標。 問：你準備什麼時候購買呢？ 問：你打算什麼時候換新車呢？ 問：你什麼時候開始開車的呢？ 問：你什麼時候意識到這個問題了？
Where——在哪裡	是指達成目標要利用的各個場所地點。問：你買車是在市區開還是跑鄉村呢？ 問：你通常是跑中長途還是短途呢？ 問：你一般載貨到哪裡去呢？ 問：聽你口音，像是北方人，具體是哪裡人呢？
What——什麼	是指您要達成什麼目標。 問：你以前使用的是什麼牌子的貨車呢？ 問：你是第一次購車嗎？ 問：你大概希望購買什麼規格的廂型車？ 問：你原來是使用什麼牌子的引擎？ 問：你喜歡什麼顏色的車呢？ 問：你需要多大噸位的車呢？ 問：你是透過什麼途徑知道我們公司的品牌？ 問：你周圍的人使用的是什麼牌子的車？ 問：你喜歡原裝車還是拼裝車？ 問：你是先了解一下還是有計畫決定呢？ 問：你對駕駛座內部配置有什麼要求呢？
Why——為什麼	是讓您能夠更明確地確定為什麼您要這樣做，確定這樣做的理由。 問：為什麼要換這輛車？ 問：你為什麼對此服務產生抱怨呢？ 問：你為什麼需要馬力大的、底盤穩定的車呢？
Which——哪一個	是讓您能夠在思考上保持更多的彈性，讓您能有不同的選擇方案。 問：你傾向於現金付款還是分期付款？ 問：請問你需要柴油車還是汽油車呢？ 問：你需要平板的還是廂式貨車？

表：3H 的具體涵義

3H的具體涵義	
內容	分析
How to——如何	是指選擇、選用什麼方法進行，如何去做。 問：你打算如何去購買心目中的車呢？ 問：針對舊車，你打算如何處理呢？
How much——多少	是指要花多少預算、費用、時間等等。 問：引擎百公里的油耗大概是多少？ 問：你準備投資多少錢來買車呢？ 問：這輛車多少錢買的？ 問：這輛車每個月的保養費是多少？
How long——多久	是指要多久、多長時間等。 問：你開車多久了？ 問：你打算要考慮多久呢？ 問：我多久打電話給你更好呢？ 問：上一次買車到現在，有多長時間了？

【不銷而銷法則】

法則 1：背景調查

有些顧客並不充分清楚他的需求或他所處的狀況。銷售者能透過「6W3H」進行事實調查，讓顧客更清楚自己的需求。

例如，一位汽車的銷售者和一位想要換新車的顧客，在討論換車的事情，銷售者了解到了顧客目前的車子使用了幾年、一年要檢驗幾次、保養費多少、停車費多少、每公升汽油能跑幾公里，並猜想車子目前值多少錢，一年後值多少錢。他發現這位顧客雖然要先支付一筆錢購買新車，但目前舊車子轉手要比一年後在價格上划算，同時新車每月能節省一定的油錢、修理費、驗車時間等，顧客實在並不需要多支付多少錢，就能享受新車的舒適及方便。這些調查的結果，讓顧客明確地了解了他的現狀及增加了他購買新車的慾望。

法則 2：調出需求

人們購買商品是因為有需求，因此，就銷售者而言，如何掌握住這種需求，使需求明確化是最重要的，也是最困難的一件事，因為顧客本身往往也無法知曉自己的需求到底是什麼。

當你清楚地知道你要什麼時，你會主動地採取一些動作。例如，你想要租一間套房，你會打開報紙，看看房屋出租廣告，如果有適合的出租套房，你會打電話聯絡，然後實地去了解是否滿意。這種需求我們稱為「顯性需求」，是指顧客對自己需要的商品或服務，在心中已明確地了解自己的慾望。銷售者碰到這種顧客，實在是運氣好，因為只要你的東西適合他，就會馬上成交。

法則 3：成功導航

銷售顧問就像是顧客的一個導航，在其迷失方向時及時給出建議。發掘顧客潛在需求最有效的方式就是詢問，詢問最重要的工具就是「6W3H」。銷售顧問可在潛在顧客中，藉助有效提出的問題，刺激顧客的心理狀態，將顧客潛在需求讓其逐步從口中說出。

相對於顯性需求的是「潛在需求」。有些顧客對自己的需求，不能明確地肯定或具體地說出，往往這種需求表現在不平、不滿、焦慮或抱怨上，事實上，大多數初次購買的潛在顧客，都無法確切地知道自己真正的需求。因此，銷售者碰到這類顧客時最重要也是最困難的工作，就是發掘這類顧客的需求，使潛在的需求轉變成顯性的需求。

Step3：恰到好處地提問題勝過無聊的平鋪直敘

陳述是銷售手法重要的一種，不過，過多的陳述肯定會給予顧客平鋪直敘的感覺，既不能帶來新鮮感，也無法吸引他們足夠的注意力，最終還會導致他們錯過與產品相關的事實。

如果銷售者能夠把陳述句改成問題來表述，那麼，獲得的效果常常會有所不同，當具備足夠吸引力的問題丟擲以後，獲得的將會是顧客有效的回饋和表達。

提出問題，往往比解決問題更重要

愛因斯坦（Albert Einstein）曾經說過，提出問題，往往比解決問題更重要。在銷售過程中，這個道理也同樣有效。銷售者如果能有效提出問題，就能充分提升顧客的興趣。

這是因為一旦銷售者提出相關疑問，顧客將會開始積極思考，尋找答案，又或者透過自我反思，想辦法對銷售者給出的答案進行反駁。

比起銷售者單方面的自我表述或者展示，問題就如同保險繩的兩端，牢牢地將顧客和產品拴在一起。

提問需要銷售者對顧客進行必要的觀察，從觀察中，銷售者才總結出最適合向當前顧客提出的問題。每個顧客關注的重點都有所不同，因此，銷售者應該巧妙設計所提出問題的內容和表述方法，並採取顧客最能夠感興趣的語氣和語境進行提問。

問題可以分為疑問和設問，前者透過讓顧客回答，加快他們的思考分析速度，加深他們對產品功能的接受程度，而後者能夠透過加強表述前的氣氛和環境，吸引顧客更重視你後面的陳述。建議盡量少用反問，因為反問很容易聽起來具有某種讓人不快的因素，並非一般的銷售人員所能熟練控制的方法和技術。

王軍如是某酒類系列產品的銷售代表，他經常在酒樓、飯店、餐廳等場所，向前來消費的顧客進行推銷。

一次，王軍如在某高級西餐廳做活動，第一桌客人點菜的時候，王軍如走上前去，當客人從服務生手中拿過酒水單的時候，王軍如將自己的產品簡介也遞了過去，然後問道：

「您看看我們的產品，感覺怎麼樣？」

由於王軍如問得很真誠，顧客不由得仔細看了看他的產品簡介。王軍如今天推銷的是一款從法國進口的白葡萄酒。產品簡介上詳細的標明了酒的口感、年分和風味特點。

「感覺怎麼樣呢？先生。」王軍如又問了一句。這次顧客抬起頭，回答說：「看起來好像是不錯，不過，沒喝過啊……」

「所以您可以點一瓶啊！沒關係，我們有用來試飲的迷你酒，很便宜實惠。您看這個怎麼樣？」說著，王軍如變戲法般掏出了小瓶裝的迷你酒，只有一百毫升的樣品，看起來顯得精緻。顧客同行的女士說了句：「看起來挺漂亮的。」

王軍如抓住機會說：「先生，這位女士都很想試一試，您不想嗎？其實剛才我在和我的助理們打賭，說您一看就是會享受新東西的人，您說是不是？」

顧客被王軍如的問題逗笑了，他購買了迷你酒試飲了一次。過了幾天，他再次來到這家高級西餐廳，然後直接從王軍如那裡買了一瓶白葡萄酒。

王軍如並沒有平鋪直敘的用關於酒的介紹來傳遞大量的資訊，從而淹沒顧客的思維，既然產品介紹有專門的資料，那麼，不妨用巧妙的問題作為宣傳的「催化劑」。

讓顧客的思維在這些帶有鼓動和興奮意味的問題下變得更加靈敏、更加傾向於試用和購買產品。

銷售中常見的提問方式有兩種：一種是封閉式問題，一種是開放式問題。

封閉式問題是相對於開放式問題而言的，封閉式問題有點像對錯判斷或多項選擇題，回答只需要一、兩個詞。定義封閉式問題的常用詞彙:能不能、對嗎、是不是、會不會……

這是因為，每個人都能提問題，但並不等於每個人都會提問題；銷售顧問則必須透過詢問與顧客的對話中，藉助有效地提出問題，刺激顧客的心理狀態，讓他們說出心中的潛在需求。

同時，心理學的研究顯示，絕大多數的人喜歡別人傾聽自己的談話，而非聽別人說話，所以銷售顧問要利用簡單有效的提問，使顧客不斷地說話，做到仔細傾聽，並在此基礎上提出更深入的問題。

許多時候，顧客是將銷售顧問當作專家來看待的，我們要善於利用這一點，即使顧客是保守類型的，也要透過有效的問答，使顧客將心中的想法表達出來，從而使自己從被動的地位轉換為主動地位，這樣就增加了銷售成功的可能性。

所有的需求必須是透過問問題問出來的，銷售行為的成功性，相當程度上依賴於銷售者對顧客的了解程度。

因此，向顧客提問的過程是銷售者獲取有價值資訊的重要過程。

所以，銷售者在顧客面前盡量提一些顧客需要很多的語言才能解釋的問題，這種問題我們稱之為「開放式問題」，並透過這樣的提問獲得具有價值的資訊，而這樣的提問方式，需要顧客做出大量的解釋和說明，銷售者只需要相對較少的問題就可以達到目的。比如，「您要採購怎樣的產品？」「您的購買目的是什麼？」等等，這樣顧客就不得不說出更多的想法，從而使銷售者可以了解顧客的真實目的。然而，銷售顧問要想非常明確地得到顧客的結果，就需要直接提出問題來縮小範圍，比如，「您在乎價格還是服務呢？」「您希望價格是 40 萬的貨車還是四、五十萬配置好的車呢？」等等，這樣顧客就必須回答非常明確是或否，對與錯，例如，「我在乎服務」、「40 萬的貨車」，從而，銷售顧問就可以直接給予答覆。

表：封閉式問題與開放式問題的差異對比

封閉式問題與開放式問題的差異對比		
區別	封閉式問題	開放式問題
表現	對與錯 是與否	顧客興奮地還想表達其它內容； 需要很多話才能說清楚。
優勢	節省時間 控制談話內容 談話氣氛緊張 收集資訊不全	浪費時間 談話不容易控制 談話氛圍愉快 收集資訊全面
舉例	你期望6月還是7月交貨呢？	你對交貨期有什麼要求呢？

【不銷而銷法則】

法則 1：抓住環境提問

用提問加強銷售效果，需要在適當的環境下進行。當顧客已經比較了解自身需求，同時已經比較了解產品的情況下，不如用提問直接吸引其將兩者連結起來，從而使消費從「預備階段」進入「實現階段」。這需要銷售者準確定位具體的銷售環境和氣氛，從而有選擇的使用提問方法。

法則 2：提出不同問題

提問的內容一定要有充分針對性，對於不同對象，應該準備不同的問題。比如，對於關心產品品質本身的顧客，你應該多問一些「您發現這個特點了嗎？」之類的問題，重點在於引導顧客去觀察，而對於關心產品在市場中定位的顧客，你應該多問「還有其他產品比我們做得好嗎？」來強調產品的獨特價值。

法則 3：提出更多問題

顧客對於你的問題很可能會給出回答，但這些回答只是推銷程序中的一個階段，並不代表結果。你應當學會就顧客的回答繼續提出問題，直到顧客的回答開始接近購買的程度。注意提問不應該重複顧客回答內容，也不應該直接質疑顧客的回答，問題應該側重強調回答中的正面因素，而盡量解決負面的阻礙因素。

第十九章　情感式：
把「理性衛道之士」變成「情感的俘虜」

Step1：情感在購物過程中對顧客的潛在影響

情感式銷售是指從消費者的情感需求出發，喚起和激起消費者的情感需求，誘導消費者心靈上的共鳴，寓情感於銷售之中。

在注重溝通的年代注重情感交流

相對於衝動型的顧客，理智型的顧客比較難以被情感因素困擾決定購買行為，但這並不代表你就不應該去重視他們的情感取向。

對於這樣的顧客，你更有必要透過擔任顧問，贏取他們的好感。

這是因為，理智型的顧客大多採取分析需求、評估產品的方法來決定自己的購買需求，而在這個過程中他們需要更明確的資訊、更多的協助服務、更專業的專家意見，一旦他們發現你的顧問角色將帶給他們這一切，對你的好感會油然而生，並難以取代。

因此，顧問銷售模式其實更適合博取理智型顧客的情感。

當然，衝動型的顧客因為比較相信自己的直覺，也同樣容易受到你所提供的資訊而對產品產生好感，帶來最終購買行為。

銷售場景：

李默在還沒有加入銷售行業前，他曾代表某電腦公司派駐在某證券公司做技術人員，辦公室與對方財會部門的辦公室靠得很近。

第一天上班，李默去得很早，把自己辦公室稍微整理了一下，發現隔壁已經有人來了，就主動過去打算和對方打個招呼，進行自我介紹。

李默：「您好，我是 XX 公司派駐過來的技術代表，我叫李默。請問您是……」

對方：「哦，你好，我是這個部門的經理。對了，你既然是做電腦技術的，能不能幫我把這個電腦的開機速度改善一下？」

李默聽到顧客有這個要求，馬上就嫻熟地設定好了，這位經理重開了電腦，發現速度的確有相當的變化，臉上便有了笑容。

之後，李默慢慢和財會部的人熟悉起來，由於財會部的女生多，他沒事還會帶點小零食送給她們，或者主動幫經理的電腦做做維護，或者向他提供一些好的建議，有時候也會帶幾本雜誌送給喜歡閱讀的他。而經理也開始把李默當自己人來接觸，經常碰到什麼問題就會想起他來。

相處半年之後，李默找到機會，在交談中將自己公司的一款財會管理軟體介紹給了經理，經理很感興趣，加上對李默的信任，便安裝試用了一、兩週，評價效果是很好。接著，他很快向上級部門提出建議，採購了這款軟體。李默從這以後，發現了自己的銷售才能，正式加入這個行業。

李默是幸運的，他從一開始就能自己發現顧問行銷模式的側重點之一：情感打動顧客。這也決定了他之後的銷售之路都能走得更加順利。

顧問行銷模式與傳統銷售模式相比，更注意銷售代表和顧客之間的交流，尤其在注重溝通的網際網路時代，在這種交流中，也很正常地會產生人和人在社會關係中的情感，並影響到顧客對產品的情感。妥善利用顧問角色的工作，銷售者就能提升顧客情感對他們購物行為的影響。

【不銷而銷法則】

▢ 法則 1：與顧客「談戀愛」

傳統經濟學和賽局理論上，總是將消費者當成「理性人」來研究，其實，這只是一種理想下的狀態，在實際銷售的操作中，我們不可能碰到完全理性的顧客。

顧客對於商品的想法，往往來自於他們產生的第一印象、接受的群體效應、獲取的不同回饋，這些都最終會展現於他們的情感表現上，並影響他們的購買行為。因此，銷售者必須學會體會顧客的感情，像和顧客「談戀愛」一樣相處，而產品則最終會成為你們的「定情信物」。在這個相處的過程中，扮演顧客的顧問，為他付出你的智力勞動，連結你們的情感，成為必要的操作環節。

▢ 法則 2：掌握顧客的心聲

傳統銷售過程中，因為銷售者和顧客相處時間較短，接觸程度較淺，而無法了解顧客的情感變化，更難以與顧客建立起充分的人際關係，來利用人和人之間的情感影響購買行為。

在顧問模式的銷售下，我們強調銷售者能夠透過積極交流互動、提高見面次數、主動登門拜訪等方式，獲取顧客心理狀態的變化。

同時，還可以利用在為顧客服務的過程中建立的人際關係基礎，邀請顧客參加感興趣的社交活動，或者贈送他們喜愛的物品，來獲得他們更多的好感。

以上的種種努力，必將影響到顧客對你的情感，並提高他們對產品和服務的評價。

Step2：基於馬斯洛需求理論打造情感「高峰經驗」

在前面，我們不只一次提及美國著名社會心理學家馬斯洛的「需求層次理論」。

這一理論將人類需求分為生理需求、安全需求、社交需求、尊重需求及自我實現需求五類，依次由低到高排列：

表：馬斯洛的「需求層次理論」

馬斯洛的「需求層次理論」	
內容	分析
生理需求	如食物、水、空氣、健康等。
安全需求	如人身安全、生活穩定，以及免遭痛苦、威脅或疾病等。
社交需求	如對友誼、愛情以及隸屬關係的需求。
尊重需求	如成就、名聲、地位和晉升機會等。尊重需求既包括對成就或自我價值的個人感覺，也包括他人對自己的認可與尊重。
自我實現需求	包括針對真善美至高人生境界獲得的需求，因此前面四項需求都能滿足，最高層次的需求方能相繼產生，是一種衍生性需求，如自我實現，發揮潛能等。

根據馬斯洛的「需求層次理論」，我們大致可以判斷出：

在如今的市場環境中，同質化產品日益氾濫，消費者已不再僅僅滿足於基本的生理需求和物質需求，他們更注重心理層面和精神層面上的需求。因此，在銷售的過程中，銷售者應該根據顧客的性格特徵來採取有針對性的銷售策略。

▢ 為顧客製造「超越顧客期望值」的驚喜

很多企業在推廣自己的產品與服務理念時，經常會提到「超越顧客期望值，為顧客提供增值服務」等宣傳標語。通俗地說，「顧客期望」就是指顧客期望企業為他們提供及時、準確、真實而可靠的體驗服務。

表：馬斯洛的「需求層次理論」

馬斯洛的「需求層次理論」	
內容	分析
了解合理期望	不同層次的顧客群體，對產品與服務的期望存在著不同程度上的空間差異。在顧客的期望中有些是合理的，企業也能夠迅速滿足顧客的要求；有些期望雖然也是合理的，但對企業來說卻很難在短期內滿足顧客。因此，這就需要企業透過各種管道來了解顧客的合理期望值，根據不同顧客群體的期望值快速做出反應，能夠即刻滿足的，應當及時給予顧客相應的服務承諾：不能立即滿足的，應向顧客做出合理的解釋，請求得到顧客的理解。
處理不合理期望	對企業來說，以怎樣的標準來判斷顧客的期望是否合理呢？通常是根據行業標準來界定的。那麼如何處理顧客的不合理期望呢？首先，在與顧客溝通的過程中，銷售者不能流露出厭惡、不耐煩的神態，因為「顧客既是我們的朋友，也是我們的合作夥伴」因此我們需要與顧客進行耐心的交流和溝通。在溝通的過程中，也會遇到一些「蠻不講理」的顧客，即便如此，我們也應該以積極的態度去應對，即使達不到顧客的要求和期望，也向顧客表達我們已經竭盡全力了，這樣才能得到顧客的理解和支持。
適當降低期望	在銷售的過程中，如果你確實沒有能力滿足顧客的期望，那麼就只能採取恰當的措施來降低顧客的期望值。舉例而言，一些旅客在跟團旅遊時，既希望向旅行社支付很少的團費，但又想入住高級飯店。面對顧客的這種不合理期望，旅行社可以制定相關政策和法規，表達自己的立場和態度，以降低顧客過高的期望值。
提供解決方案	當不能滿足顧客的價值期望時，向顧客提供完善的資訊與解決方案。例如，你是一家飯店的銷售者，飯店的客房已經全部住滿，而此時恰巧有顧客前來入住，那麼在這種情況下，你首先應該向顧客表達自己的歉意，然後可以根據顧客的要求向他們推薦附近的飯店，這等於是向他們提供了另外一種選擇機會和解決方案。
兌現服務承諾	如果我們提供的服務承諾太低，則無法滿足顧客的期望和需求；服務承諾過高，則會導致企業難以實現利潤的成長。因此，我們必須要在兩者之間尋求一個平衡點。要想提高顧客滿意度，建立顧客忠誠度，企業就應該在自己力所能及的範圍內，為顧客積極創造能夠兌現的服務承諾，以不斷滿足顧客的需求。

以飯店行業來說，顧客的基本期望就是飯店向顧客做出的服務承諾，例如，環境安靜優雅、飯店用品乾淨、工作人員服務周到、客房安全設施齊全等。由此，我們得出的結論就是：超越顧客的期望值，向顧客提供增值服務，就是我們通常所說的「滿意＋驚喜的服務」，向顧客提供安全、可靠而

周到服務的同時，為顧客帶來額外的驚喜。

提升顧客期望值的關鍵，在於企業需要向顧客提供一個合理的期望，促使企業與顧客之間形成一個利益的共同體，縮小彼此間在利益期望上的鴻溝，從而實現雙贏的合作。

我們如果僅僅是滿足顧客的基本期望，顯然是難以令顧客超出期望值，打造「高峰經驗」的。企業要想與顧客保持良好的合作關係，建立自己的核心競爭優勢，就必須要超越顧客的期望，為顧客提供意想不到的增值服務。

【不銷而銷法則】

圖：打造情感「高峰經驗」的法則

▢ 法則 1：產品價值

嚴格地說，所謂「價值」，是指與價格相對應的產品或服務的品質。在目前的銷售市場中，很多企業為提高品牌知名度，搶占市場資源，紛紛採取促銷、價格戰等策略，以提高顧客對品牌和產品的認可。

但是，低價策略不是唯一有效的行銷手法，而且這種策略也是不可持續的。事實上，最佳的方法是提高顧客的感知價值，如服務設施是否齊全、服務環境是否舒適、產品包裝是否精緻，以及服務人員的禮儀是否規範等。當然，最重要的一點還在於企業的品牌形象，這關乎到顧客對企業的信任程度。因此，要想在產品價值上超越顧客的期望，我們需要提供一種強而有力的、基於顧客感知價值的服務，為顧客帶來更多的驚喜。

法則 2：快捷速度

顧客下了訂單以後，他們都希望能盡快看到產品或服務。無論是怎樣的顧客，他們都有一個共同的心理，那就是渴望得到銷售者的尊重和體貼。即使顧客在一個很悠閒的環境中用餐時，他們也非常注重即時服務。因此，對於企業和銷售者來說，提供快捷、周到的服務也是超越顧客期望、打造高峰經驗的重要展現。

法則 3：資訊服務

資訊服務向顧客提供更豐富的、更有價值的資訊，也是打造高峰經驗的一種有效途徑。例如，某基金管理顧問公司會定期向顧客提供最新的、最重要的財經資訊，每週的基金淨值變化等，這就是透過向顧客提供資訊來超越顧客期望的典型案例。再例如，一些餐廳會及時向顧客提供關於美食節、優惠套餐等活動資訊，讓顧客享受到實惠和滿意的服務。

▢ 法則 4：個性化服務

每家公司或服務機構都會向顧客提供個性化的服務，以期能夠滿足並超越顧客的期望。企業的個性化服務主要是透過銷售或服務人員展現出來的，因而這就要求相關工作人員在待人接物方面，謹慎自己的言行舉止，在顧客面前表現出良好的禮儀修養，這也是企業向顧客傳遞品牌形象的重要展現。

Step3：提出對顧客有益的個性化情感服務方案

在「互聯網＋」市場環境下，買方市場已經逐步形成，消費者所面臨的選擇機會也越來越多，選擇的空間也越來越大。這兩方面的因素無疑會對許多企業和銷售者增加了銷售的難度。

▢「求生」和「求勝」的基礎：個性化的情感服務

對任何一家企業來說，要想在激烈的市場競爭中站穩腳步，並建立自己的持續競爭優勢，就必須要具備兩大核心能力，即「求生」和「求勝」。

所謂「求生」，就是指企業要致力於自己的產品和服務，透過堅實的內功建立企業文化和品牌競爭優勢。

所謂「求勝」，是指在日益嚴峻的市場環境中，企業透過良好的顧客關係、高品質的產品與服務、切實可行的解決方案，積極拓展市場通路，在眾多競爭對手中贏得每一場戰役，不斷增強企業的經營實力，提高品牌的知名度。

不管是「求生」，還是「求勝」，都必須要建立在一個共同的基礎上——了解顧客的需求，提出對顧客有益的個性化情感服務方案。

企業所進行的一切生產、經營活動都是緊緊圍繞著顧客而展開的，而我們的銷售工作也是以顧客為中心，為顧客提供服務的。因此，要想成功地推銷企業的產品與服務，則需要全面了解顧客的需求，根據顧客需求提供有針對性的解決方案。

銷售場景：

我曾到 A 城市出差，由於我對當地的路況不太熟悉，所以來到一家書店購買《城市地圖》，該書店的老闆問我：「我能問一下您為什麼要買地圖嗎？」「我是來出差的，想在地圖上查看一個地名」，我回答說。

「您要去哪個地理位置呢？」

我說：「我要去位於 XX 區 XX 大道的 XX 公司。」

於是，這位老闆當即將這家公司的地點、乘車路線告訴了我，並建議我「不必再買地圖」了。這次經歷令我至今記憶猶新，儘管一份地圖的價格也不過是幾十元，但是那位老闆的舉動讓我深受感動，因為他真正做到了為顧客著想，一切從顧客的利益出發。

其實，這個例子的重點並不在於老闆是否賣出了一張地圖，而是在於老闆是否與顧客建立了有效的信任關係。

許多企業在與顧客展開合作時，都在不同程度上存在「短視」行為，而上面的案例給予我們的啟示就是：不要著眼於眼前的利益，而是要立足長遠，獲得顧客信任，與之建立長期穩定的合作關係。

對於企業來說，我們可以對普通顧客提供同樣的服務流程體系，但在服務項目上，企業應該進行嚴格的區分，或者對服務項目進行深度與廣度的區分。只有這樣，我們才能確保運用有限的服務資源實現企業利潤的最大化。

【不銷而銷法則】

法則 1：運用調查

我在對一些企業進行銷售培訓與顧問實踐中發現，儘管與顧客建立「感情」的方式有很多種，但是運用顧客滿意度調查是最有效的一種方法。尤其是當企業根據顧客的意見調查進行切實的完善之後，這種「感情」就會變得更加深厚。

我們展開調查的目的在於更好地服務顧客，調查表格要具有一定的啟發性，如運用聯想法、情景模擬、圖示法、詞語法，盡可能多地搜集顧客的建議，深入挖掘顧客的利益需求。

法則 2：改進回饋

當我們在對顧客滿意度調查意見進行分析和整理後，必須要將改進的完善措施和結果回饋給顧客，並對顧客所提供的建議和意見表達謝意，這樣才能讓顧客感受到我們真實的情感與關懷。

法則 3：見證生產

通常而言，企業在進行內部管理或進行重大的技術研發時，往往不太在意顧客對產品的感受，因而我們應該嘗試讓顧客見證產品的生產流程，這樣做的好處就是：一方面，企業可以零距離地聆聽顧客的想法，針對顧客的要求改進和完善產品服務體系。顧客的參與度越活躍，就表示他們對產品的期望越高，認可度也越高，從另一方面來說，這樣的做法，能夠展現出我們對顧客的尊重與關懷，有利於贏得顧客的信任，與之建立長期的合作。

法則 4：透明化

在電商網站上消費過的朋友都應該很清楚：當我們下了訂單之後，能夠非常便捷地查詢到物流的配送情況，包括是否已經出庫、已到達哪個地點、配送員姓名、預計達到時間等等。再例如，很多麵包店進行現場烘焙，透過玻璃櫥窗讓顧客仔細地觀察到麵包的製作流程，以及現場的衛生狀況。實現內部流程的透明化，能夠有效消除顧客的疑慮，獲得顧客的信任，而這本身也是一種尊重顧客感受的人性化體驗。

第二十章　教練式：回歸銷售本源，做有尊嚴的銷售

Step1：做顧客最好的教練全心全意付出愛

教練這個詞來源於體育。

事實上，這是一個心理學應用的專業技能。教練式銷售，就是促進銷售程序的一個專業技能。

愛是教練最好的語言

以我自己最近的兩次購物經歷為例：

銷售場景 1：

上個週末我去逛購物中心時，在一家鞋店裡看中了一雙高跟鞋，款式挺不錯，就是不知道皮質怎麼樣，於是我向櫃檯的銷售人員詢問應如何鑑定皮質的真偽，那個銷售人員一個勁地說這雙鞋這個好、那個好，但就是沒有告訴我鑑定皮質真偽的方法。這不禁讓我對銷售人員產生了反感，因為我知道她並不是真誠地對待顧客，而是希望我盡快買下這雙鞋子。最終的結果是我沒有買。

銷售場景 2：

另一次購物是在前兩天，由於公司搬家，我想買些綠色植物和花卉裝扮一下辦公室環境。在朋友的推薦下，我來到一家大型的花店，店裡擺滿了各式各樣的花。我這個人對花卉不太了解，也不知道辦公室裡應該擺放什麼花，這時一位漂亮的小女生走過來，耐心地詢問了我的需求，然後就向我推薦了幾款室內花卉。

她非常細心地告訴我：「我給您推薦的幾款花卉裡，發財樹最難養，但是這種花卉在辦公室裡又是不可或缺的。這樣吧，我把這幾款花卉的種植方法和注意事項幫您列印一份檔案，您照著這上面的方法做就可以了。」這時我才明白朋友為什麼會推薦這家花店，他們真誠的服務態度確實打動了我，能夠讓顧客產生一種被愛、被重視的感覺。於是，我把這家花店也推薦給了我身邊的同事和朋友。

在這兩次購物經歷中，我能感受到兩種完全不同的購物體驗。

我為什麼不買那家鞋店的鞋子呢？並不是他們店裡的鞋子品質不好，而是他們的銷售態度不夠專業，那位銷售人員心中想的只是「盡快促成這筆交易，提升自己的銷售業績」。

如果她主動告訴我不同皮質的鞋子有什麼特點，怎樣鑑別皮質的真偽，怎樣去保養，那樣我就會對他們店裡的商品放心很多，我在消費的時候心裡也會踏實很多。對銷售者來說，如果你能讓消費者買得放心、買得踏實，那麼你的銷售豈不是進展得更加順利？你的生意豈不是會更好？

而當我進入那家花店的時候，感受完全不一樣。從這兩個案例中我們能夠看出，那位花卉銷售者遵循的是教練式銷售的理念和策略：她始終站在顧客的角度思考問題，透過聆聽和發問與顧客建立有效連結，然後進一步了解和掌握顧客的需求，最終提供一套解決問題的方案。在整個銷售過程中，她是真誠地對待顧客，整個銷售過程無不透露著「愛」，而不是絞盡腦汁地去「對付」顧客。

【不銷而銷法則】

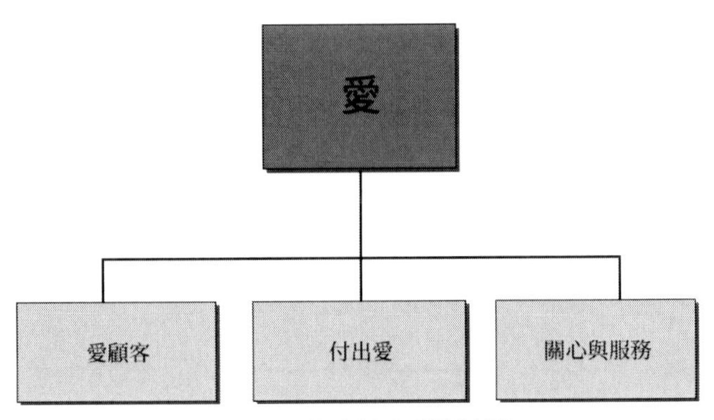

圖：全心全意付出愛的法則

▢ 法則 1：愛顧客才能愛銷售

儘管許多企業都把「關愛顧客，真情服務」寫成標語貼在顯眼的牆壁上，但在銷售實踐中，能夠真正做到這一點的人卻少之又少。對企業和銷售者來說，不能僅僅把「愛自己的顧客」當作一句口號，而是要真正做到「以顧客為中心」，把顧客的需求放在心裡。

▢ 法則 2：付出愛心才有回報

你關心顧客，顧客關心你；你感動顧客，顧客感動你；你幫助顧客成功，顧客幫助你成功！傾聽顧客的心聲，你會得到極大的回報。

▢ 法則 3：愛就是關心與服務

給予顧客關心、令其感動的服務有三種：

一是主動幫助客戶拓展他的事業。

二是誠懇關心客戶及其家人。

三是做與產品無關的服務，如果你的服務與你的產品無關，那客戶會認為你是真的關心他。

Step2：出售自己，網路時代誠信比技巧重要

銷售場景：

趙宇廷是公司最特殊的一個銷售者，他很年輕，負責銷售的族群都是五十歲左右的街坊阿姨，經常看到他和售後人員扛著廚房熱水器出去送貨。

「趙宇廷，喝口水。」阿姨們都很喜歡趙宇廷，儘管之前都是跟趙宇廷在電話裡做交流，「留下來吃飯吧。」

「不麻煩了，阿姨。」趙宇廷愛笑，一笑就臉紅像個孩子。

「阿姨，您有什麼問題就找我。」趙宇廷跟售後人員一起離開。

「不留下吃個飯了啊？」

「阿姨，真不用客氣了。」

阿姨們似乎總想見到趙宇廷，向他介紹來街坊鄰居。

「趙宇廷啊！」

「張阿姨啊，怎麼樣？熱水器還好用嗎？」

「好，好得很，我這街坊鄰居看到了都要裝。」

「沒問題，張阿姨，您要多少，回頭我幫您送過去。」

一個下午，趙宇廷又帶著售後人員連送貨帶成交了好幾臺熱水器。

「張阿姨介紹的，就打個九九折了。」趙宇廷擦著汗說。

「哎唷，九九折才多少錢呀！」

「可以了。」張阿姨立刻說，「本來這個的價格已經很低了，趙宇廷能幫你們打折不錯了。」

「哎唷，張阿姨你可真有面子。」街坊都恭維張阿姨。

「大家多多介紹啊！」張阿姨笑瞇瞇地繼續幫趙宇廷打廣告。

趙宇廷的業績就是這樣做起來的。

「就從趙宇廷這裡買，趙宇廷說到做到，出任何事都可以打電話給他，有一次我不注意把熱水進水口給關了，怎麼也沒熱水，還以為壞了，打了電話給趙宇廷，立刻就有售後人員來了呀，好快的。」

「是啊，趙宇廷都親自送來，而且好快，安裝什麼都清清楚楚，親自監督的。」

趙宇廷以出色的專業表現和說到做到的誠信，得到了廣大顧客的信任。

信任讓你贏得更多做顧客教練的機會

信任是人與人之間互動的基礎，也是人際溝通的重要橋梁：當你在乘坐班機時，你會很自然地信任一位素未謀面的飛行員；當你到醫院看病時，你會順理成章地相信一位沒有任何往來的權威醫生；當你將汽車鑰匙交到代理駕駛手裡的時候，你相信他能小心駕駛……如果失去了信任的紐帶，我們幾乎做不成任何事情。

對銷售者來說，要想成功地銷售出自己的產品或服務，創造出卓越的銷售業績，我們首先就要與顧客進行心與心的溝通，以真誠和熱情的服務來感動顧客，只有這樣我們才能贏得顧客的信任，贏得做顧客教練的機會。

因此，與顧客建立信任關係，是我們成功實現教練式銷售的第一步。如果顧客對你沒有產生足夠的信任感，那麼他就不會與你產生交易。而能否與顧客建立良好的信任關係，首先就展現在我們的服務態度上。在任何銷售活動中，真誠和熱情是一個銷售者必須要具備的基本特質。

在銷售的過程中，銷售者不要僅僅把顧客視為幫助自己提升業績的「救命稻草」，而是讓顧客感受到你是他的朋友，或是他的私人教練，讓他們樂於與你交流，並心甘情願地購買你的產品或服務。

我經常接觸到一些剛剛踏入銷售領域的年輕人。在跟他們交流的過程中，我發現大多數年輕的銷售者身上都有一種急於求成的浮躁心態，功利性和目的性太強。比如，在向顧客推銷自己產品時，總是噓寒問暖、端茶倒水的，對顧客的服務可謂殷勤備至；然而當遭到顧客拒絕時，就完全像變了個人似的，對顧客冷言冷語，不理不睬……

這樣的銷售態度顯然是不可取的。作為一名銷售者，你必須要具備起碼的職業素養和心理素質。即使這次銷售失敗了，但是你要知道，只要你對顧客始終保持真誠和熱情的態度，跟顧客的感情溝通好了，這次的失敗並不妨礙你們今後的合作。說不定有一天，顧客就會忽然找上你，或者將自己的親朋好友介紹給你。

【不銷而銷法則】

法則 1：建立信任關係

事實上，現實中像上述例子那樣失敗的銷售案例不在少數。許多銷售者為了追求一時的銷售額，根本不考慮顧客的實際需求，而是一味地向顧客討好獻媚，企圖以各種方式慫恿顧客購買自己的產品；而當自己的銷售計畫落空時，服務態度也發生了 180 度大轉變，最終導致的後果是不但失去了一位顧客，而且也使得自己辛苦經營的行銷口碑毀於一旦。相對前者，後者對他們造成的損失更大。

法則 2：「買賣不成仁義在」

有句古話說「買賣不成仁義在」，銷售者的服務態度是否真誠與熱情，在相當程度上決定了銷售的成敗。因此在任何時候，我們都不要改變自己真誠、熱情的服務態度。即使顧客暫時沒有合作意向，我們也要保持微笑，不要怠慢顧客，而是讓顧客感受到你的體貼周到，這樣當顧客有合作意向的時候，他首先想到的那個人就是你。

Step3：有效聆聽發問，讓你的方案更具針對性

銷售現場：

店員：「是第一次去見女方家長嗎？」

年輕人：「是的。」

店員：「先生，您買這件襯衫，打算怎麼搭配呢？」

年輕人沉思了一會，說：「您看牛仔褲跟襯衫搭配怎麼樣？」

店員：「我建議您不要這樣搭配，因為這樣的穿著顯得太隨意了，可能會讓對方父母覺得您不重視這次見面。」

年輕人點了點頭，說：「您說得是，能給我一些好建議嗎？」

店員：「我建議您穿休閒西裝搭配這件襯衫。您第一次去見女方家長，我覺得最重要的是給他們一種成熟穩重的感覺。對父母來說，他們希望未來女婿能照顧好自己的女兒，給女兒足夠的安全感。但若穿太過正式的西裝，又會容易給

人一種老氣、死板的感覺，雙方就會產生距離感，不容易親近。」

年輕人：「嗯。那麼，您覺得我穿什麼顏色的休閒西裝最適合呢？」

店員：「先生，您已經買了這件白襯衫，我建議您買一套銀灰色休閒西裝來搭配。」

年輕人：「你們店裡有嗎？」

店員：「有的，我帶您去試穿一下。」

教練就是要把問題想在顧客前面

不難看出，這名店員運用教練式銷售思維，透過有效聆聽和發問，了解和掌握了顧客的需求，並針對顧客需求提供了一套有效的解決方案，最終與顧客實現了交易。在銷售的過程中，我們只有了解和掌握了顧客的需求，才能在此基礎上與顧客展開有效溝通，才能有針對性地向顧客推薦最適合他們的產品或服務，真正做到讓顧客滿意。

做銷售，你需要事先把問題想在前面。正如同推動雪球下山的過程中，必須能提前判斷形勢，摸準運動軌跡。否則，後續銷售過程就會受到各種因素干擾。

【不銷而銷法則】

法則 1：準備方案

在注意到問題之後，準備好應對這些問題的方案也很重要。僅僅是重視問題沒有幫助，你需要的是能夠充分預防和解決這些問題。不妨利用自己的工作經驗，或者請教他人，找到自己應處的位置，做好自己應有的準備。從而達到防患於未然的目的。

法則 2：暗示後果

在銷售過程中，要讓顧客自己覺得產品對自己是有用的，不妨採取暗示後果法。首先引發顧客對自身問題的思考，而同時銷售者暗示這種問題如果不能得到妥善解決會帶來的後果是怎樣的。這樣顧客就會很容易的採取行動，顧客會積極地向銷售者了解產品內容，也會積極地做出購買決定。

這裡銷售者要注意針對顧客問題的後果暗示要注意分寸，不要因此而得罪了顧客，造成了適得其反的效果。要引導式的讓顧客去思考，這樣顧客會自動把後果告訴你。這是，作為銷售人員還要引導顧客的思考圍繞著產品尋求解決辦法，顧客可能自己就會做出購買產品的選擇，或者會聽一聽關於問題解決的意見，你就可以藉此向顧客提出方案和購買要求。

法則 3：展現尊重和關心

顧客在陳述自己的意見和要求時，銷售者作為教練需要認真聆聽，這樣既能讓顧客暢所欲言地表達他們的觀點，而且也能展現出對顧客的尊重和關心。在聆聽的過程中，銷售者應該注意一下自己的禮儀：

表：教練在聆聽過程中應注意的要點

教練在聆聽過程中應注意的要點	
內容	分析
視線	與顧客保持同等視線，不要東張西望。
身體	身體向前微傾，表情自然、保持微笑。
用心	全神貫注地聆聽顧客的談話，用心記憶。
尊重	不要急於反駁顧客，讓對方把話說完。
會意	不時點頭會意，以示對顧客話題感興趣。
記錄	將顧客的重點要求和意見用筆記錄下來。
禮貌	插話時應請求顧客許可，使用禮貌用語。

法則 4：理解顧客想法

聆聽的目的在於清楚地理解顧客所表達的觀點和想法，從而使雙方在融洽、友好的溝通氛圍中建立有效連結。

有時候，顧客購買了產品以後，對我們的產品感到不滿意，因而向我們提出投訴或異議。這時很多銷售者通常會習慣性地用潛在假設對顧客的意見加以反駁，這樣一來就導致雙方矛盾進一步加深。因此，銷售人員要學會突破固有的習慣性思維，在客觀真實的基礎上，以教練的姿態，與顧客進行溝通，給出建議，指導其購買。倘若確實是自己工作的失誤，應及時向顧客道歉。

第二十一章　診斷式：在新競爭環境下開闢一條康莊大道

Step1：用交心式的溝通診斷顧客的真實心理

所謂「診斷式」銷售，即透過一系列診斷方式，與客戶建立有效連結，將銷售過程中影響成功的一些障礙——例如，顧客的拒絕、模稜兩可的態度、有限的通路等等一一消除，從而在競爭激烈的銷售環境中開闢出一條康莊大道。

銷售場景 1：

一位年輕人來到一家服裝店，店員面帶微笑地迎上來，很溫和地對他說：「歡迎光臨，請隨意看看。」

年輕人：「我想買一件襯衫。」

店員引領他來到襯衫專區，說：「這是今年新推出的襯衫款式，不知先生喜歡哪一種？」

年輕人挑了一件白色的襯衫，說：「就這一件吧。」

店員：「先生，請問您要在什麼場合穿這件衣服？」

年輕人：「過幾天我要去見女友的父母，我想給他們一個好印象。」

專業銷售者透過引導顧客做出以價值為取向的決定，來贏得自己的可信度；透過以診斷為基礎上的溝通來贏得顧客的忠誠和信任。

恰到好處的診斷式銷售，可以幫助你扭轉不斷下降的銷售成績，或是將你的銷售成績提到更高的專業水準。它能使你從銷售人群中脫穎而出，建立超高的可信度，並獲得優秀的銷售成績。

對顧客進行初步診斷是控局的關鍵

大多數銷售者並不是天生的「醫生」，往往難以做出正確的診斷。然而，他們自己並沒有意識到這一點。比如，我看到一些本身用意良好的專業人員，自始至終都將情感帶入到與顧客的交談中。當他們將情感帶入到談話中時，他們就會無意識地將交談的成敗與自身形象和情感上的幸福感相連起來。這在交談中增加了個人因素，他們開始感覺到一種壓力，而這種壓力是他們強加給自己的。

當壓力過大時，他們就會退到那些不太好的，並且常讓他們後悔的舊習慣和不經思考的反應中。

還有一些銷售人員常常誇大在診斷中的弱點。銷售者花了無數個小時來完善他們的陳述技巧，了解如何克服各種反對意見以及完成銷售。問題在於大多數這種教條式的診斷並不是顧客真正關心的，進而疏遠了顧客。

其實，診斷意味著和顧客之間「交心」，良好的診斷可以加強彼此之間的相互了解、相互認可加以控局。

銷售場景 2：

張景峰是 B 食品廠的業務員，按照事先的約定，他來到某市超市找到食品部王經理，洽談合作的事宜。

寒暄幾句，張景峰就說道：「王經理，這是敝廠第一次和貴超市接觸。希望能夠透過我們初次良好坦誠的合作，開啟以後合作的大門。至於你們的上架費要求等等，我們會盡量的滿足。」

王經理點點頭說：「是的，放心，我們也願意跟你們這樣的大企業合作。」

「對，其實我們的食品品牌相當有知名度，只不過一直沒有進入貴超市而已，如果引進我們的產品，應該能充分豐富你們超市的供貨種類，增加消費者的選擇範圍。」張景峰認真地說道。停頓了一下他補充道：「當然，你們面臨的市場競爭壓力也很大，想要的條件如果提出來，我們也希望能盡可能滿足。」

王經理說：「嗯，這樣我們就有談的基礎了。」

最終，在雙方共同營造的良好氣氛中，經過談判，張景峰達到了自己簽約上架的目的。

張景峰所做的每一步都是讓對方把心放下，張景峰一開始就開誠布公地解釋了自己的目的，並展現出對於對方的充分理解，在這樣的氣氛下，談判會達到一種順利和諧的狀態，邁向成功。

【不銷而銷法則】

▢ 法則 1：說出心聲

想要有彼此坦誠的態度和氣氛，不妨從自己做起，開門見山說出自己對於本次交談的心聲。這樣，往往可以為整個交流和溝通過程樹立出一個良好的先入為主的調子，而不會導致雙方意見不一致，結果彼此越走越遠的現實局面。

▢ 法則 2：列舉利益

透過在溝通中不斷列舉給對方的實際利益點，展示你不僅充分了解和看重他們的利益，還能夠主動站在他們的角度出發來思考。

▢ 法則 3：站在一起

與其和顧客站在戰壕的兩端，不如在他們尚沒有想到的情況下，由你主動走到他們那邊，和他們「站在一起」。比如，在顧客之前就強調產品價格的確不菲，以這樣的行動讓顧客藉以「攻擊」的目標虛無化，從而為接下來強調高級的產品原料和高昂的成本而鋪墊了有效的道路。

法則 4：恰到好處

我們應該採取恰到好處的診斷方式，透過全面有效的自我表達與溝通，從而有效控制局面。另一方面，在具體交流的過程中，銷售者應該學會不斷的觀察對方的表現，從中找到值得自己參考和改變的方面，從而有效調整自己的銷售策略，並發揮最大的作用。

Step2：恰到好處的診斷勝過十句天花亂墜的陳述

在銷售中，最沮喪的莫過於我們使盡渾身解數，顧客卻對企業的產品和服務似乎不感興趣，或者不願出高價，或者根本不願意購買。

我們打電話給顧客，安排會面，忙碌了一天，卻沒什麼成效。可能得到的答覆就是「我們會考慮的」、「我們現在不需要」、「現在我們還不想有變動」等。

此時，恰到好處地診斷顧客的真實意圖，往往勝過銷售者十句天花亂墜的陳述。

與其強迫式的盤問不如正確地診斷

當銷售遇到阻礙，例如遇到顧客拒絕時，我們首先應該設法找出真相，讓他把拒絕購買的真正原因說出來。有時，我們可以用反問的形式問顧客，從顧客的回答或表情中獲取資訊，找到顧客拒絕購買的原因。在找到原因之後，就可以根據各種不同的情況說服顧客改變他原先的決定。

當我們初步診斷顧客拒絕購買主要是顧客的經濟問題時，為進一步探明他是覺得商品價格昂貴還是自己無能力支付，可以向他提供一個令大家滿意的貨款支付辦法。這樣顧客就會慢慢轉過念頭，與我們談交易了。

有時為了更清楚地診斷具體的理由，掌握顧客的心態，我們就必須不停地追問，直至他們最後說出不想買的真正原因。當然這種追問不是強迫式的盤問，而是要以誠懇的態度，像幫助朋友似的要顧客把內情說出來，以便採取相應的辦法來幫助顧客。

銷售場景：

李女士是一家企業的中階管理者，她 30 多歲，因為努力工作長期加班，臉色不是很好看，表情也總是很嚴肅。陳宇是一家保健品公司的行銷人員，銷售經驗也不是很多，他當時銷售的產品是一種女性產品。

陳宇向李女士推薦自己的產品說：「我們公司的產品主要是改善女性上班族的身體機能，純天然產品，我們的健康理念是適量鍛鍊與微量元素的補充，讓女性上班族更快樂、更健康。」

「不，我很健康，你看我的體格，還會覺得我需要這種保健品嗎？」分不清李女士是自嘲還是認真的，總之李女士一口就回絕了陳宇的銷售，甚至還未聽陳宇介紹他的產品種類。陳宇一時不知道該說什麼，李女士卻不停地在看文件，視陳宇如不存在一般。

陳宇本想要說您看起來沒什麼異樣，但其實並不一定就健康，並且想介紹產品是多麼適合李女士。但看著李女士拒人千里的態度，陳宇什麼也沒有說，留了一份資料在桌子上，垂頭喪氣地走出了辦公室。

面對這種情況，很多人會覺得沮喪，不知所措，甚至會打退堂鼓。

其實，這時候我們應該做的是診斷出那些顧客為什麼不出高價或沒有購買。如果你不能準確了解顧客的情況，他的回答對你就沒有什麼意義，而你的行為對他們來說也毫無意義。

【不銷而銷法則】

法則 1：意識需求

顧客因為不需要而拒絕時，有可能是因為他還沒有意識到自己的需求。銷售者的主要任務，就是讓顧客意識到這種需求，並把這種需求強化，而不是拿顧客沒有需求的想法來說服自己。當然，顧客不購買的原因有可能是真的不需要。這個時候，銷售者要根據敏銳的觀察力和透過提出問題，讓顧客回答，來了解顧客需要的所在，以便真正滿足顧客的需求。

❒ 法則 2：直奔主題

「我很忙，沒時間。」這是最常見也是最無可奈何的一種拒絕方法，令銷售者有無比的挫折感。我們費盡周折好不容易和顧客建立了連結，誰知顧客一句「我沒時間」就拒絕了我們的銷售。很多行銷人員會在這個時候選擇放棄，認為顧客無誠意。但是仔細想想，這樣說話的顧客是有一定決定權的人，若一開始就被他的氣勢壓倒，未來始終會有擺脫不了的陰影和心理障礙。所以，對於這樣的顧客，就應該單刀直入，直奔主題而去，如果能在起初幾分鐘引起他的興趣，就還有很大的希望。當然，如果顧客正在忙，或者接聽電話也不太方便的時候，就沒有必要浪費時間了，明智的選擇是留下資料和聯絡方式，另約時間再談。

❒ 法則 3：認清藉口

顧客喜歡以「沒錢」、「買不起」、「沒預算」來搪塞銷售，因為顧客知道行銷人員永遠無法證明顧客說的是真的還是假的。正因為如此，你碰到這個異議時更不應該有受挫的感覺，你可大膽地運用一些異議處理的技巧尋求突破點，繼續診斷。

用「沒錢」當藉口的顧客分兩種，一為真正沒錢，另一種為推託之辭。若顧客連續多次都以沒錢為理由而令你無法進行推銷時，恐怕此時你必須另覓他法，因為顧客可能是真的沒有能力負擔得起你提供給他的產品及服務。如果是推託之辭，我們要想辦法遲緩顧客的拒絕心態。

法則 4：表面現象

相關資料曾統計過，調查取樣中只有 5%的顧客在選擇商品時僅僅考慮價格，而有 95%的顧客是把產品品質擺在首位的。所以，顧客如果說「這個產品太貴了」，你就可以診斷出這只是表面現象，肯定是認為產品不值這個價格。而這個評估往往是顧客內心的評估，如果顧客不能充分了解到產品帶來的價值，他當然有理由認為產品不值這個錢。所以，銷售者一定要在產品價值上下工夫，讓顧客對產品的價值有全面的了解。

法則 5：堅持不懈

有這樣一個調查問題：在進行銷售訪問時，你是怎樣被拒絕的？根據調查結果，可以得出以下結論：顧客沒有明確的拒絕理由占 70.9%，這說明七成的顧客只是想隨便找個藉口搪塞銷售者，這種行為的本質是拒絕「銷售」行為。對這七成的人群，只要你堅持不懈地進行耐心仔細的銷售工作，必定會達成目標。

法則 6：靈活變通

銷售過程中，銷售者經常會遇到一些顧客，無論銷售者怎樣苦口婆心地勸說，顧客的態度總是「不買」，其中一個很重要的原因是不信任。那麼為什麼不嘗試一下讓顧客先試用產品呢？當顧客親身感受到產品帶來的好處後，態度或許就不那麼強烈了。

Step3：診斷不同類型的顧客心理讓銷售事半功倍

顧客的類型有很多，我們就以完美型和理智型為例，來談談如何診斷其心理才能讓銷售工作事半功倍。

「我才是唯一正確的」

完美型顧客認定了一件事情，就會踏踏實實地去做，他們始終堅持自己的價值標準，通常不會對他人做出妥協和讓步，因為他們篤信「我才是唯一正確的」。

對銷售者來說，當你與完美型顧客發生意見衝突時，盡量不要試圖為自己的觀點辯解，因為辯解也是徒勞的。

在完美型顧客的內心深處，他們往往恪守著這樣一些觀念：

表：完美型顧客的觀念

完美型顧客的觀念	
內容	分析
觀念 1	「我必須要保證將每個細節都安排得井井有條，否則我就會感到煩躁。」
觀念 2	「我做事非常努力並力求做到極致，我堅持自己的原則和標準，我看重效率。」
觀念 3	「如果對方沒有按照我的想法去做，如果沒達成我心目中理想的效果，那麼我會拒絕與他們合作。」
觀念 4	「我對自己和他人的要求都比較苛刻，因為我不能容忍自己比別人做得差。」
觀念 5	「我很難接受不同的觀點，因為我一向堅持自己的價值判斷，絕不更改！」
觀念 6	「我經常自責自己做得還不夠好，我也經常要求他人遵從我的想法和意志。」

在銷售的過程中，我們經常會遇到這種完美型顧客。在與完美型顧客打交道的時候，銷售者首先要敏銳地洞察出他們的性格特徵，然後採取相應的銷售策略，否則我們就很有可能遭遇銷售上的「滑鐵盧」。

跟完美型顧客打交道往往是非常困難的，要想促成與這種類型顧客的交易，銷售者就必須盡自己最大的努力將每一個細節做到極致，向他們呈現出最完美的解決方案，確保他們對我們的產品或服務感到滿意。

很多銷售者抱怨：「有些顧客總是喜歡『雞蛋裡挑骨頭』，不停地提出一個又一個的問題，似乎並沒有打算購買的意思，純粹是拿我們來消遣……」在此我需要善意地提醒這些銷售者，千萬不要懷著抱怨的態度來對待顧客。

對於完美型顧客來說，由於他們自身苛刻、挑剔的性格，對我們的產品或服務提出一些問題或質疑，這是很正常的。然而，一些銷售者看到顧客沒有立即下單的打算，於是服務態度立刻變得冷淡下來，對顧客的提問也是愛理不理的，最終導致顧客憤而離去。

因此，在銷售的過程中，銷售者需要抓住顧客關心的問題，針對他們的問題或疑惑做出全面詳細的解答，既要讓顧客相信我們的產品品質，同時又要讓顧客對我們的服務態度感到滿意。

銷售場景 1：

有一天，某空調售後服務中來了一位顧客。櫃檯接待劉雨鑫立刻迎上來，有禮貌地問：「您好，先生。請問有什麼需要協助的嗎？」

這位顧客怒氣沖沖地問道：「你們空調的品質太差了，我要求立即退貨！」

劉雨鑫：「先生，您先別著急，我是櫃檯的接待人員劉雨鑫。我能問一下，您家的空調是不是出什麼問題了？」

顧客餘怒未消：「我上個月剛從你們公司買了一臺空調，用了還沒幾天，空調就壞了。我嚴重懷疑你們公司的空調品質，你們立即給我退貨！」

面對這位情緒激動的顧客，劉雨鑫沒有做出任何反駁，而是幫顧客倒了一杯熱茶，對顧客說：「先生，您先喝口茶。我可以向您保證，不管機器出了什麼故障，我們都一定會幫您解決。您能跟我說說詳細情況嗎？」

顧客見她如此善解人意，也不好再盛氣凌人了，對劉雨鑫的態度也有所緩和。顧客對劉雨鑫說：「剛買來的那幾天，空調使用起來還好好的。但是今天我開機後不久，空調就停止運轉了。不管我怎麼遙控都無濟於事，我覺得你們的空調肯定有問題，所以我就過來退貨了。」

顧客在陳述的時候，劉雨鑫並沒有打斷顧客講話，等顧客講完以後，劉雨鑫說：「先生，您看這樣好嗎？我現在安排維修師傅跟您回家檢查一下機器狀況。如果確實是空調品質出現了問題，我保證立即幫您更換新空調。如果您執意要退貨的話，我也可以滿足您的要求。」

對於這種合乎情理的安排，顧客也沒有理由再反駁了。於是，在劉雨鑫的安排下，維修師傅前往顧客家中，經過檢查後終於找到了原因：原來由於空調的電源開關保險絲容量太小，導致超過負載而熔斷。空調師傅幫顧客更換了新的保險絲，空調運轉正常。

面對如此周到熱心的服務，顧客覺得自己無緣無故地對人家發了一頓脾氣，對自己的魯莽行為感到很抱歉，不僅當面向維修師傅致謝，而且還特地向劉雨鑫打電話表達了自己的歉意。

案例中的這位顧客就屬於完美型顧客，出了問題就勢必要解決才會滿意，不容許有任何理由。面對憤怒的顧客，劉雨鑫沒有與之發生任何爭論或吵鬧，而是克制自己的情緒，對顧客以禮相待，透過自己的真誠和寬容逐步感化顧客，將一切化解於無形。更難能可貴的是，劉雨鑫自始至終站在顧客的利益和立場考慮問題，對顧客承諾公司的服務保證，這樣就增強了顧客的安全感，繼而劉雨鑫向顧客提供了一套完整的解決方案，最後使問題得以妥善解決。

「任何事都要有目標和規畫」

銷售場景 2：

王先生是一名退休人士。前陣子家裡的電視機壞了，所以他打算以 8,000 元的預算購買一臺新彩色電視機。這一天，他來到一家購物中心的電視專區，銷售人員小岳立刻迎上前來，向王先生介紹了他們最新的電視機產品。王先生看到標價是 29,999 元，覺得實在太貴了，於是問道：「你們店裡還有更便宜的產品嗎？」

小岳：「伯伯，您的消費預算大概是多少呢？」

王先生：「8,000 元。」

小岳：「伯伯，不好意思。我們的電視產品中沒有 8,000 元這個價位的，最低也需要 12,000 元。」

王先生點了點頭，說：「哦……」

小岳問道：「伯伯，請問您家裡還有什麼人呢？」

王先生：「我、我老伴，還有我們的孫子。我們也都退休了，兒子兒媳平時工作忙，所以我們幫他們帶孩子。」

小岳：「伯伯，您孫子今年幾歲啦？」

王先生：「6 歲了，今年上小學一年級。」

小岳：「哦，我想他一定很喜歡看卡通片吧？」

王先生：「是呀，看得很著迷，飯也不好好吃。前陣子家裡的電視壞了，所以我才過來買臺新的。」

小岳：「伯伯，您一定很疼愛您的小孫子。不過我們都知道，看電視的時間過長，就會對我們的眼睛造成傷害。現在很多小孩從小就戴上了眼鏡，很大一部分原因就是看電視時間過長引起的。所以我給您的建議是，我們買電視機可不能只圖便宜，還得保證電視機的品質。」

王先生：「嗯，你說得對。那什麼樣的電視機對孩子的眼睛不會產生傷害呢？」

小岳：「伯伯，您看這一款電視機，售價是 12,000 元，雖然超出了您的預算，但是這款彩色電視機採用了國內最先進的技術，絕對不會對眼睛造成傷害……您看，這是我們申請的專利證書和技術鑑定。」

王先生仔細看完了產品的相關證書後心想，儘管電視機的價格超出了自己的預算，但這款電視機對孩子的視力不會產生傷害，於是非常滿意地買下了這款電視機。

王先生屬於典型的理智型顧客。

影響理智型顧客做出購買決策的因素是多方面的，除了產品的價格和效能以外，還有產品的外觀、品質、服務等因素。對理智型顧客來說，他們會對各種因素進行權衡和取捨，在深思熟慮之後才決定是否要選擇購買。因此，銷售者在向顧客介紹產品時，要本著「全面、客觀、真實」的原則，讓理智型顧客對產品進行理性分析之後，自動自發地選擇購買。

理智型顧客喜歡在做任何事情之前，都要有一個清晰的目標和規畫，在購買產品時往往是非常實際的。對這種性格類型的顧客來說，是否選擇購買我們的產品，主要取決於產品的價格和效能。

表：應對理智型顧客的兩大殺手鐧

應對理智型顧客的兩大殺手鐧	
內容	分析
價格	理智型顧客對產品的價格非常敏感，花多少錢買到一件產品，他們心中有非常明確的預算。產品的價格只要超出了他的消費預期，通常是不會選擇購買的；如果得知自己喜愛的產品正在進行促銷，他一定會全力以赴地爭相購買，很享受這種「賺到」的感覺。
性能	理智型顧客有著很強的求知欲，他們懂得什麼樣的產品最適合自己，而且他們會對產品有很清晰、很明確的判斷和分析，所以這種性格類型的顧客往往不太容易接受我們的銷售引導。

在面對這種性格類型的顧客時，銷售者一定要做到「理性訴求」，即針對顧客的「理智動機」，向顧客傳達真實、準確、公正的產品資訊，實事求是地向理智型顧客介紹產品的價格、效能、競爭優勢，以及為他們創造怎樣的價值和利益，從而引發顧客的理性思考，最終促使他們做出理智的購買決策。

當然，顧客的類型遠不只本節列舉的這兩種，我只是想提醒各位，診斷式銷售的重點，是要學會「因人而異」，會識人才能更懂心。

【不銷而銷法則】

法則 1：不急於催促

做銷售與做其他工作是一樣的，都講究順其自然、水到渠成。很多顧客本來就是多疑的性格，如果我們沒有掌握好成交的時機，反而會讓顧客對銷售產生抗拒心理。

法則 2：不無視對方

當顧客在表達自己的想法和意見時，要有足夠的耐心去聆聽，這是與顧客建立情感關聯的基礎。顧客在向我們陳述時，就意味著他們在潛意識裡已經開始接納我們了。要給顧客一個充分表達的機會，這樣既能夠展現出銷售者對顧客的尊重和重視，也能展現出對他們的理解和認同。

法則 3：不試圖說服

作為一名銷售者，要清楚一個道理：顧客購買某種產品是出於自身的意願和需求，因此銷售者不要在診斷出真相後，透過說服的方式強求顧客購買你的產品。如果你非要跟顧客擺事實、講道理，那麼你或許會在這場爭論中勝出，但你必然會失去成交的機會。

第二十二章　挑戰式：引爆網路時代的銷售革命，點亮未來成交之路

Step1：指導——給出獨特見解讓你的方案與眾不同

挑戰式銷售，即主動挑戰，給顧客一定建議與指導，獨到的見解或規畫，正確運用這種銷售模式可以使你在銷售中獲得控制地位，在激烈的競爭中建立真正的銷售優勢。

勇於挑戰才能改變行為、創造價值

在挑戰式銷售中，指導能力，是銷售者為顧客創造價值的關鍵能力，它是基於對業務的經驗，對問題場景、解決方法等問題的深刻理解，這類能力的養成需要長年累月的累積，銷售者大多有相關行業的從業經驗，至少有現場和實施過程的真實體驗。

當前時代，顧客最迫切的需求不是從銷售者那裡購買產品，而是學東西，所以就更需要專業人員的指導。

他們希望銷售者能幫助他們發現新機遇，教給他們不曾

想到的策略，從而降低成本、增加收益、拓寬市場、規避風險。他們希望銷售者不再浪費顧客的時間，而是能挑戰顧客、指導顧客、為顧客提供獨到的見解。

讓一個銷售者脫穎而出的不是他們所銷售產品的數量，而是他們所提供見解的價值，這些見解為顧客開闢了節約成本、提高收益的新道路。

最成功的那些公司從來不是依靠他們的產品，而是憑藉他們在銷售過程中所傳達的獨特見解取勝。爭奪顧客忠誠度的戰役早在產品賣出之前就打響了。優秀銷售者不會去發掘顧客已經知道的東西，他們透過指導顧客學習、接受全新的見解和思考方式來贏得這場戰役。

顧客對某一觀點感同身受，相對於銷售者「挖掘」問題的能力，他們更加重視銷售者的指導能力。對於那些銷售網際網路商品的人來說，情況更是如此。如果不能讓自己品牌、產品與眾不同，價格又沒有明顯優勢，想贏得顧客的心，幾乎無從談起。

但如果銷售者具備提出新見解的能力，建立良好的顧客忠誠度還是很有可能的。

一位全球知名化工企業的銷售經理曾說：「如果我和你同時以同樣價錢銷售五加侖沒有牌子的潤滑油，我一定會贏，因為我能在賣的同時提出新的見解，讓顧客重新審視他們自己公司的經營方式。」這位銷售主管的觀點非常正確，否則產品差異化就完全由價格決定了。如果產品完全由價格決定，銷售者就失去了存在的必要，直接把沒有牌子的潤滑油放到網路上賣就行，那樣最便宜。

這足以說明，當今時代，在打造高品質產品的指導思想下，主動挑戰型的銷售方式有其成功的必然性。主動挑戰型銷售者，就是在挑戰權威、提出新見解，指導顧客採用新的思考方式，重新審視他們目前的方法和狀態。他們透過強而有力的方式，不但解決了顧客最為棘手的商業問題，還為顧客描繪了一個充滿希望的嶄新前景，從而讓顧客心服口服，並且願意付諸實踐。

總而言之，銷售者只有改變顧客的想法，並最終改變顧客的行為，才能使整個銷售行為成功地創造價值。

【不銷而銷法則】

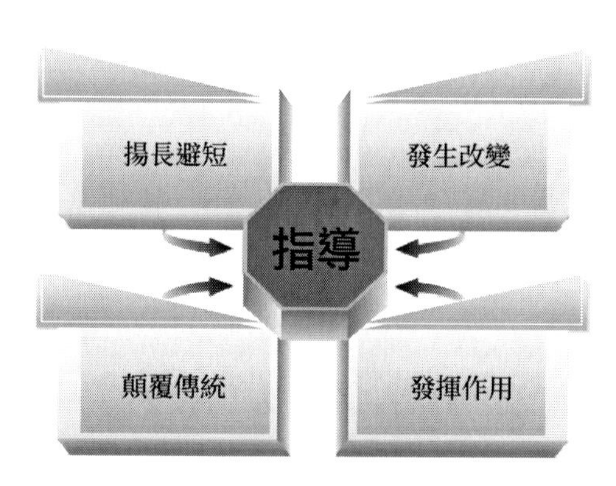

圖：主動挑戰給予指導的法則

▢ 法則 1：揚長避短

首先，指導必須以銷售公司的強項為基礎。為顧客所提供的指導，應該發揮銷售公司的優勢，只有這樣，才能讓自己處於有利的競爭地位，從而戰勝競爭對手，獲取價值。

透過對顧客的商業指導，從而藉顧客的力量打敗競爭對手，這才是顧客忠誠度的意義所在。銷售者指導顧客採用了新的思考方式，並幫助顧客發現了新的商機，當顧客想了解具體實施方案時，銷售者一定要找機會表達這樣的意思：「請讓我來向你展示，為何我們公司能比其他公司更好地幫助你落實這項計畫。」

這時，銷售者不僅分享了一個顧客需要的新見解，而且成功地將這一見解的實踐與自己的公司連結。如此一來，顧客不僅想要得到幫助，更重要的是，他們想從該銷售者所在的公司獲得幫助。

法則 2：發生改變

面對有限的資源和無限的潛在競爭，銷售者不僅要改變顧客的想法，還要讓顧客的行動發生改變。還記得電影《天外奇蹟》（*Up*）中那隻可愛的小狗嗎？只要一看到松鼠，這隻小狗就會走神，忘了自己原本在做的事情。很多時候，顧客也是這樣的。我們曾開玩笑說，如果不能讓顧客集中注意力，顧客很可能會說：「嗯，這是個好想法，我確實從來沒這麼想過……啊，午飯吃什麼？」所以，要想改變顧客的行動，與顧客的對話必須有足夠的說服力。

法則 3：顛覆傳統

如果條件一強調的是指導與銷售方的連結，那麼條件二強調的則是商業指導和顧客方的連結。

原則上講，不論銷售者向顧客提供什麼見解，都應該對顧客有實實在在的指導作用。這些見解應該挑戰和顛覆顧客的傳統觀念，包含一些他們之前未曾想到的內容。

這裡，可以用「重組」這個詞來概括這一觀點。透過提供一些資料、資訊或概念，銷售者可以讓顧客原本的思考模式發生「重組」，讓他們重新審視自己的營運方法和競爭策略，而這正是顧客需要的銷售形式。

不過，要想提供這樣的新見解並不容易，因為銷售者必須比顧客本身還要了解顧客的需求，至少是與自己的銷售相關的情況。

法則 4：發揮作用

如果完成得好，指導絕不僅僅是有效的銷售技巧，它還會成為強而有力的策略。當然，在針對單獨顧客銷售的層面，指導往往很容易奏效，因為主動挑戰型銷售者總能找到機會對顧客進行有效的指導，讓顧客學到解決問題的新思路。但若將指導應用於更高的層面，例如是成組的顧客而不是單獨的顧客，其指導作用會更加突顯。

Step2：因應——強烈的共鳴是進行量體裁衣的前提

在「互聯網＋」的大環境下，大部分普通銷售者的最大障礙，是不知道如何才能針對不同的顧客「量體裁衣」，即為不同的顧客準備不同的銷售內容，從而在顧客方引起最大限度的共鳴。

對不同顧客進行「量體裁衣」才能引起共鳴

因應能力要求銷售者對顧客的詳細背景要有準確的掌握，同時對顧客注重的價值有準確的判斷，從而量體裁衣、對症下藥，提供有針對性的解決方案，用最恰當的方式滿足對方需求，引起共鳴。

簡單來說，因應有兩層含義：

見什麼人說什麼話，強調關注顧客個體。

透過應用恰當的溝通方式和技巧，與顧客產生共鳴。

面對不同顧客，銷售者「量體裁衣」的過程可分為幾個層次，範圍由大到小。

首先，了解顧客所處行業的大背景。

其次，將範圍縮小到顧客所在公司的具體情況。

再次，將範圍進一步縮小到顧客在公司的職位和具體工作。

最後，把目光聚焦到顧客這個人身上。

值得一提的是，「量體裁衣」並不是要你賣弄知識或技能。有不少銷售者常常擺脫不了自己是「業內專家」的角色，喜歡從產品的特點、功能、結構來仔細剖析，像論文考據一般向顧客做出介紹和解釋。實際上，顧客真的喜歡這樣的推銷，並能夠為這樣的說明掏出他們的錢包嗎？答案恐怕並非如此。

銷售場景：

一對年輕的戀人來到胡杰生的地板店，觀看著陳列的地板樣品，胡杰生連忙走過來，殷勤的詢問對方需要什麼樣的地板。

男生說道：「我們剛剛準備結婚，不是很了解地板，想過來看看學學。」

「哦，明白了，我來為你們介紹一下。」胡杰生侃侃而談起來，他說，「地板分為木地板、實木複合地板、強化複合地板、竹地板、軟木地板、地熱採暖地板、塑膠地板、防靜電地板、竹木複合地板、曲線地板等等。不妨我來結合樣品向你們一一介紹……」

女生打斷了他，說：「我們就是想大概了解一下，不用說這麼多，我們一下也沒辦法弄清楚自己想要什麼。」

「我說完你們就一定會清楚了。」胡杰生堅持要為他們做詳細的介紹，他想，這麼多種類的地板都做出介紹，對方總會滿意其中的一、兩個。

於是，這對戀人只好聽著胡杰生結合樣品的介紹，但內心卻是反感和拒絕的。

雖然胡杰生的介紹處處都是專業知識，但是很明顯，他並沒有在意顧客的真正感受，而顧客也沒有真正聽進去。男生看看手錶，女生會意的拉拉他手，於是男生道了個歉，找了理由一溜煙的帶女生離開了。留下目瞪口呆的胡杰生，他心想，現在的顧客越來越沒有耐心了。殊不知，是他沒有關注顧客真實的內心，引起共鳴。

【不銷而銷法則】

法則 1：認同效應

認同效應，也叫做「名片效應」、「自己人效應」，在銷售中是指一種心理現象，引導者（銷售人員）透過向對象（顧客）表達觀點或某一方面的相似觀點，從而獲得認同，引發共鳴。

有時，銷售並不需要「長篇大論」的演說，這反而會讓人無法從中找到共同點，甚至失去興趣，如果能用簡潔明瞭的短小解說契合對方的心理，往往能夠在短時間內獲得對方認同，促成銷售。

法則 2：貼近對方

銷售是人和人之間的一種接觸，需要的不是理論上的說服、邏輯上的通順，也不是窮盡精力去向顧客證明什麼。理想的銷售是人性之間的接觸，是心和心之間的對等交流，所以，應該盡量讓你的銷售過程顯得貼近對方，在對方理解能力的基礎上來進行說明，運用對方能夠接受的語言，同時盡量言簡意賅、詞意通達，而不是試圖堆砌辭藻、長篇大論。

Step3：控制——
不是控制顧客而是讓銷售勝券在握

在漢語解釋中，控制一詞的本義是「掌握住對象不使任意活動或超出範圍，或使其按控制者的意願活動」。

然而，我們所說的「控制」，並不是要你控制住顧客（無論是心理還是行為），而是要將目光從競爭對手轉向消費者——不是去企圖控制消費者，而是真正理解消費者，順應消費者的心理，你的銷售才會更加順利，勝券在握。

扭轉局面，推進銷售程序

這裡的控制是指，當顧客在成交過程中要打退堂鼓時，銷售者能沉著應對，並適當地向顧客施加壓力，最終扭轉局面，掌握銷售的發展方向。包括對價格及銷售流程、週期的掌控。透過這樣的方式將銷售掌握在自己手中。

這樣做的本質是銷售者心中對每一步都有一個預期的結果，在銷售過程中，始終掌握溝通的發展方向。

在挑戰式銷售模式中，這一能力很容易被人誤解，如有運用不當，不僅難以促成銷售，還會產生許多負面影響。

例如，在討論產品價格和購買流程方面，銷售者確實具備控制和推動顧客的能力，但其實這只是一小方面。更重要的是，銷售者能促使顧客重新思考他們所處的形勢、面臨的問題以及可能的解決方案。

然而，要想讓經驗豐富的顧客改變想法絕非易事，因此在討論新觀點的時候，銷售者的控制能力就異常重要。

經常有人把銷售者的控制能力與表現強勢、咄咄逼人相混淆。事實上，這是兩件截然不同的事。真正需要擔心的問題不是如何防止銷售者過於強勢，而是如何才能鼓勵銷售者表現得主動、勇敢、堅定。

所有的銷售者都希望拿下訂單，完成銷售。他們非常擔心遇到顧客模稜兩可的態度，因為這樣的態度會決定他在公司的命運。

當銷售者與顧客的溝通遇到困難時，由於這種自然傾向的作用，銷售者會急於做出妥協，以便完成這份訂單。這種妥協是讓眾多普通銷售者失敗的重要原因，因此必須想辦法克服。

相反，銷售者面對這種困境卻好像「如魚得水」，他們知道該如何處理類似的局面，以便讓形勢始終對自己有利。

【不銷而銷法則】

□ 法則 1：質疑即是機會

經驗豐富的顧客幾乎不會輕易接受銷售者提供的新想法，他們一定會提出質疑甚至是反對的意見。他們會查問原因、要求查看相關資料、闡述他們的公司與其他公司的不同之處等，因此銷售者的觀點可能並不適用。這些回應會極大地挫敗關係維護型銷售者的士氣。為了避免不和，關係維護型銷售者很快就會妥協，然後放棄自己的觀點，希望以此「挽救」接下來的談話氣氛。這樣，他們會把自己的立場降得越來越低，直到完全丟了陣地，失去了那些有價值的解決方案。最終，為了保證自己的利潤，整個談話只剩下討價還價。

可是對於主動挑戰型銷售者來說，顧客的質疑和反對正是他們的機會所在。顧客一提出質疑，銷售者非但不會妥協，反而會巧妙地向顧客施加壓力。

□ 法則 2：處處皆能控制

雖然我將控制能力放在本書的最後來講解，但實際上，控制力並非只在銷售最終階段才發揮作用。控制能力貫穿於整個銷售過程中，絕不只是在最終才需要。事實上，只要銷售一開始，控制能力就需要登場了。

銷售者清楚地知道，銷售能否成功，很多時候取決於能否讓顧客邁出改變想法的那一步。換句話說，在很多情況下，顧客已經基本決定了購買哪一個供應商的產品，但是為了把該做的工作都做到位，以確保自己找到最佳合作夥伴，顧客會在已經有了選擇的情況下繼續和其他銷售者見面。

附錄

工具箱：銷售過程中常用表格

工作日誌表	
日期	
重點工作	
具體事項	
完成情況	
備注	

建立信任感性、理性、互動元素運用表			
項目	素材收集	方法運用	檢查效果
感性元素			
理性元素			
互動元素			
備注			

<table>
<tr><th colspan="4">顧客拜訪流程推進表</th></tr>
<tr><td>顧客名稱</td><td></td><td>顧客名稱</td><td></td></tr>
<tr><td>推廣的產品或服務</td><td></td><td>需要拜訪對象</td><td></td></tr>
<tr><td>顧客地址/聯絡方式</td><td colspan="3"></td></tr>
<tr><td>拜訪時間</td><td>拜訪內容</td><td>下一次拜訪計畫</td><td>跟進事宜</td></tr>
<tr><td rowspan="2">備注</td><td></td><td></td><td></td></tr>
<tr><td></td><td></td><td></td></tr>
</table>

<table>
<tr><th colspan="4">顧客管理明細檔案</th></tr>
<tr><td>顧客名稱</td><td colspan="3"></td></tr>
<tr><td>法人代表</td><td></td><td>業務聯絡人及電話</td><td></td></tr>
<tr><td>顧客需求</td><td colspan="3"></td></tr>
<tr><td>業務起始時間</td><td></td><td></td><td></td></tr>
<tr><td rowspan="2">備注</td><td></td><td></td><td></td></tr>
<tr><td></td><td></td><td></td></tr>
</table>

顧客難題及導致的後果分析表			
類型	可能的難點	困難與不滿	後果分析
1			
2			
3			
4			
5			

解決顧客問題一覽表	
我們的產品與服務	解決顧客的問題

顧客需求分析與對策表	
需求主體	對策
普通顧客	
決策者	
採購者	
技術者	
使用者	

顧客異議對策表		
異議類型	原因	對策

電子書購買

爽讀 APP

國家圖書館出版品預行編目資料

強勢銷售！應對網路挑戰，創建銷售新視界：SPIN 技術 × 消費者思維 × 服務邏輯 × 問題競爭力，掌握顧客心理，開創數位化銷售新局面 / 萬一卓 著 . -- 第一版 . -- 臺北市 : 財經錢線文化事業有限公司 , 2024.04
面； 公分
POD 版
ISBN 978-957-680-824-1(平裝)
1.CST: 銷售 2.CST: 網路行銷 3.CST: 行銷策略
496.5　　113003022

強勢銷售！應對網路挑戰，創建銷售新視界：SPIN 技術 × 消費者思維 × 服務邏輯 × 問題競爭力，掌握顧客心理，開創數位化銷售新局面

臉書

作　　者：萬一卓
發 行 人：黃振庭
出 版 者：財經錢線文化事業有限公司
發 行 者：財經錢線文化事業有限公司

E-mail：sonbookservice@gmail.com
粉 絲 頁：https://www.facebook.com/sonbookss/
網　　址：https://sonbook.net/
地　　址：台北市中正區重慶南路一段六十一號八樓 815 室
Rm. 815, 8F., No.61, Sec. 1, Chongqing S. Rd., Zhongzheng Dist., Taipei City 100, Taiwan
電　　話：(02) 2370-3310　　　　傳　　真：(02) 2388-1990

印　　刷：京峯數位服務有限公司
律師顧問：廣華律師事務所 張珮琦律師

定　　價：420 元
發行日期：2024 年 04 月第一版
◎本書以 POD 印製